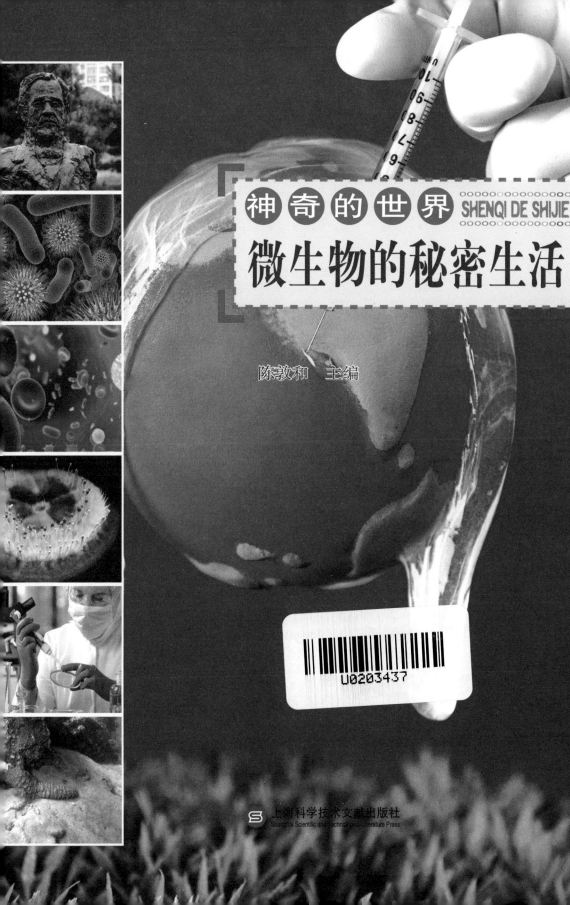

神奇的世界 SHENQI DE SHIJIE

微生物的秘密生活

陈敦和　主编

上海科学技术文献出版社
Shanghai Scientific and Technological Literature Press

U0203437

图书在版编目(CIP)数据

微生物的秘密生活/陈敦和主编. —上海:上海
科学技术文献出版社,2019
(神奇的世界)
ISBN 978 - 7 - 5439 - 7890 - 4

Ⅰ.①微…   Ⅱ.①陈…   Ⅲ.①微生物—普及读物
Ⅳ.①Q939 - 49

中国版本图书馆 CIP 数据核字(2019)第 081257 号

组稿编辑:张　　树
责任编辑:王　　珺

微生物的秘密生活

陈敦和　主编

*

上海科学技术文献出版社出版发行
(上海市长乐路 746 号　邮政编码 200040)
全 国 新 华 书 店 经 销
四川省南方印务有限公司印刷

*

开本 700×1000　　1/16　　印张 10　　字数 200 000
2019 年 8 月第 1 版　　　2021 年 6 月第 2 次印刷
ISBN 978 - 7 - 5439 - 7890 - 4
定价:39.80 元
http://www.sstlp.com

版权所有,翻印必究。若有质量印装问题,请联系工厂调换。

生命对人类来说是一个难解的谜，而微生物作为一群特殊的生命体更是让人感到不可思议。虽然，微生物在地球上已经存在了几十亿年，地球几经沧桑，然而，这些神奇的生物群落却能繁衍至今。

　　尽管几个世纪以来，人们知道通过弯曲的镜片能放大物体，但只有当灵巧的工匠之手和科学家的探索精神结合在一起的时候，我们对生活的这个世界的理解才从此发生了变化。透过镜片，人类看到了"镜片下有很多微小的生物，一些是圆形的，而其他大一点儿的是椭圆形的，在近头部的部位有两个小腿，在身体的后面有两个小鳍。另外一些比椭圆形的还大一些，它们移动得很慢，数量也很少。这些微生物有各种颜色，一些白而透明，一些是绿色的带有闪光的小鳞片，还有一些中间是绿色，两边是白色的，还有灰色的。大多数微生物在水中能运动自如，向上或向下，或原地打转儿。它们看上去真是太奇妙了"。虽然，人类对微生物的利用已有几千年的历史，现代微生物学也经历了一个多世纪的发展，但至今，微生物仍可能是地球上最大的、尚未有效开发利用的自然资源。

　　本书详细介绍了这些在显微镜下才能被发现的"聪明而智慧"的微小生物。全书从介绍地球上最早的居民开始，逐步带你去了解微生物是怎样生存至今的；微生物与人体的健康，与人们的生活有哪些利害关系；微生物的存在又对地球这颗蓝色星球起到了什么作用；微生物能为我们的未来做出什么贡献；让人讨厌的细菌、病毒又是什么样的；伟大的科学家们是怎样努力为我们开启了解微生物世界的大门。相信本书将激发你的阅读兴趣，丰富你的课外知识。

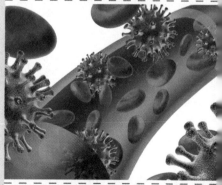

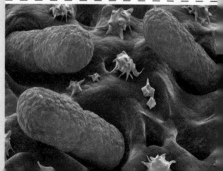

目录
Contents

微生物的秘密生活

神奇的世界

III

目

录

目录
Contents

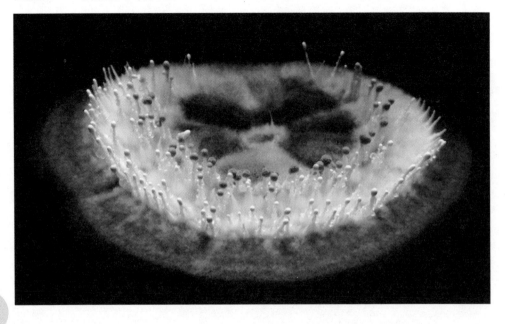

微生物的秘密生活

神奇的世界

第一章

探寻微生物的世界

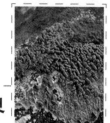

微生物在生物界级分类中占有极其重要的地位。从进化的角度来看，微生物是一切生物的老前辈。如果把地球的年龄比喻为一年的话，则微生物约在3月20日诞生，而人类约在12月31日下午7时许出现在地球上。这就是神奇的微生物世界。

地球上最早的"居民"

　　微生物虽小，但它们和人类的关系非常密切。有些对人类有益，是人类生活中不可缺少的伙伴；有些对人类有害，对人类生存构成威胁；有的虽然和人类没有直接的利害关系，但在生物圈的物质循环和能量流动中具有关键作用。

地球上最微小的生命

　　到目前为止，蓝色的地球是唯一为人类所认知的一块生命栖息地。在地球上的陆地和海洋中，与人类相依相存的是另一个缤纷多彩的生命世界。在这个目前对人类而言仍有太多未知的生命世界里，除了我们熟知的动物和植物，还有一个神秘的群体。它们太微小了，以至于用肉眼都看不见或看不清楚，它们的名字叫微生物。

　　微生物是地球上最早的"居民"，第一个单细胞"居民"出现在35亿年前。假如把地球演化到今天

的历史浓缩为一天，地球诞生是24小时中的零点，那么，地球的首批居民——厌氧性异养细菌在早晨7点钟降生；午后13点左右，出现了好氧性异养细菌；鱼和陆生植物产生于晚上22点；而人类则在这一天的最后一分钟才出现。

无所不吃

　　微生物之所以能在地球上最早出现，又延续至今，与它们特有的食量大、食谱广、繁殖快和抗性高等特征有关。个儿越小，"胃口"越大，这是生物界的普遍规律。微生物的结构非常简单，一个细胞或是分化成简单的一群细胞，就是一个能够独立生活的生物体，承担了生命活动的全部功能。它们个儿虽小，但整个体表都具有吸收营养物质的机能，这就使它们的"胃口"变得分外大。如果将一个细菌在一小时内消耗的糖分换算成一个人要吃的粮食，那么，够这个人吃500年。微生物不仅食量大，而且无所

不"吃"。地球上已有的有机物和无机物都贪吃不厌，就连化学家合成的最新复杂的有机分子，也都难逃微生物之口。

显微镜下的世界

地球诞生至今已有46亿多年，最早的微生物35亿年前就已经出现在地球上，人类出现在地球上则只有几百万年的历史。微生物与人类"相识"甚晚，人类认识微生物只有短短的几百年。1676年，荷兰人列文·虎克用自制的显微镜观察到了细菌，从而揭示出一个过去从未有人知晓的微生物世界。

当它们形成菌落

虽然我们用肉眼看不到单个的微生物细胞，但是当微生物大量繁殖，在某种材料上形成一个大集团时，或是把微生物培养在某些基质上，我们就能用肉眼看到它们了。我们把这一团由几百万个微生物细胞组成的集合体称为菌落。例如腐坏的馒头和面包上长的毛、烂水果上的斑点、皮鞋上的霉点、皮肤上的癣块等，就是由许多微生物形成的菌落。

为什么微生物没有灭绝

微生物具有极强的抗热、抗寒、抗盐、抗干燥、抗酸、抗碱、抗缺氧、抗压、抗辐射及抗毒物等能力。因而从1万米深、水压高达1140个大气压的太平洋底到8.5万米高的大气层，从炎热的赤道海域到寒冷的南极冰川，从高盐度的死海到强酸和强碱性环境，都可以找到微生物的踪迹。

令人惊奇的"休眠"本领

由于微生物只怕"明火"，所以地球上除活火山口以外，其他地方都是它们的领地。微生物当然也要呼吸，有的喜欢吸氧气，属于好氧性的；有的讨厌氧气，属于厌氧性的；还有的在有氧和无氧环境下都能生存，叫兼性微生物。微生物不仅能吃，而且还贪睡。据报道，在埃及金字塔中三四千年前的木乃伊身上仍有活细菌。微生物的休眠本领令人惊叹不已。

↓被细菌污染了的树

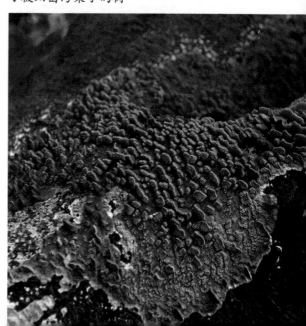

有些微生物曾经"厌氧"

46亿年前地球诞生了，可最早的生命形式究竟是在什么时候出现的呢？一般认为大约是在40亿至35亿年前出现的。1977年，美国哈佛大学的化石专家巴洪在南非发现了34亿年前的岩石中含有细菌的化石。因此，大约35亿年前，地球上肯定已经出现了生命。

曾经的地球没有氧气

人类靠呼吸空气中的氧气而生活，如果没有氧气，人类就会窒息而死。因此，大概很多人都认为氧气对任何生物而言都是至关重要的。然而远古的地球大气中不含氧气，而且实际上，细菌中有很多种类一旦呼吸氧气就不能存活。像这样的细菌，因为讨厌现在地球的含氧空气，所以被命名为厌氧菌。此外，原生生物、真菌中也有一些种类不需要氧气。

蓝细菌带来的"地球公害"

35亿年前，最早出现的细菌就是厌氧菌。此后，在这些厌氧菌中间，出现了像现在的蓝细菌一样能够进行光合作用的细菌。蓝细菌是蓝藻中一个原始的种类，它漂浮在海面上生活。它和植物一样利用光能进行光合作用，把二氧化碳和水转化成有机物等营养物质，在这个过程中便会产生氧气。蓝细菌的出现，使20亿年前地球上的氧逐渐增多了，不仅是海水中的氧，大气中的氧也开始增加，但同时这也是地球上最早的大规模公害。

在有氧环境中进化

蓝细菌的出现使地球面临着首次出现的重大危机，很多生物因此而死亡了。幸运的是地球上的所有生物还不至于全部灭绝，并且进化出了能够利用氧的细菌，人们根据它们喜欢氧而命名为好氧菌。地球上仍然还有些地方氧气无法进入，如地面以下很深的地方可能就没有氧气。在这样的地

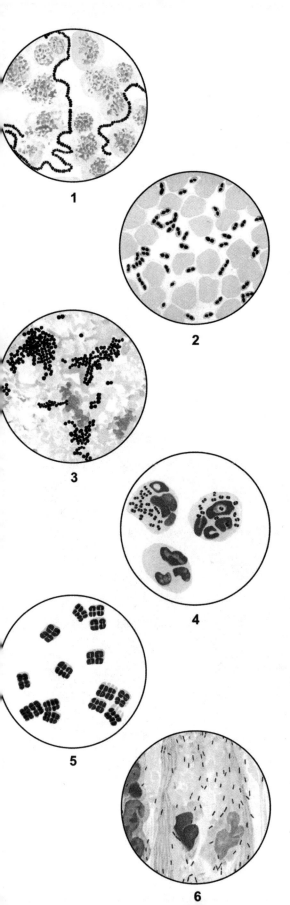

1

2

3

4

5

6

方，古细菌的祖先勉强地幸存了下来。

好氧菌带来"进化革命"

在地球上的氧逐渐扩散、古细菌类生物陷入危机之前，生物主要是通过发酵的方法从养分中获得能量的。这是现在的许多厌氧菌、酵母菌等采用的方法，如酸奶就是使用乳酸杆菌发酵牛奶而制成的，啤酒的酿造也是利用酵母分解养分而产生酒精。

但是，能积极地利用氧而进化产生的好氧菌，采用的是一种全新的方法——有氧呼吸来制造能量。这种方法较之发酵，可以从等量的养分中制造更多的能量，是一种非常有效的方法。因此，这种新进化而来的好氧菌在地球上以爆发之势增加了起来。

由于好氧菌的繁荣，古细菌虽然躲避了氧而勉强幸存下来，但在这期间也完成了两项重大的"发明"：一是细胞中产生了具有核膜的细胞核，为了不让重要的DNA物质受损伤，核膜将它们完全包裹在细胞核中；二是细胞具有了把其他细胞吞噬入自己体内的能力，也就是能把好氧菌和蓝细菌等吞噬到自己的细胞内。

←利用氧气进化产生
的好氧菌

"共生"的好氧菌与厌氧菌

希腊神话中有这样一个故事：第二代的大神克洛诺斯把自己的孩子一个接一个地吞噬掉。著名的宙斯是第三代的大神，他也是克洛诺斯的孩子，也曾被他的父亲吞噬过一次，但是他成功地逃脱了出来。真核生物的祖先也吞噬后来进化产生的好氧菌和蓝细菌，所以有的学者就根据克洛诺斯的神话称之为"克洛诺赛特"。

这里最重要的事件就是吞噬了能够进行有氧呼吸的好氧菌。根据细胞内共生进化学说的观点，这个事件被专门称为细胞内共生。大约在15亿年前，某种好氧菌被吞噬到了厌氧菌的细胞中并开始了共生，原本厌氧的生物也能够在有氧的环境中生存了。之后，被吞噬的好氧菌变成了细胞的线粒体。这样产生了镶嵌状的细胞，这种细胞就是原生生物、真菌、动物、植物的共同祖先，这也就是此后各种各样进化的根源。获得了线粒体的真核生物的细胞，不久又吞噬了蓝细菌。在自己的细胞内进行光合作用获取营养物质，对真核生物而言是非常适合的，它们之后逐步进化成了现在的植物。

↓细胞变异

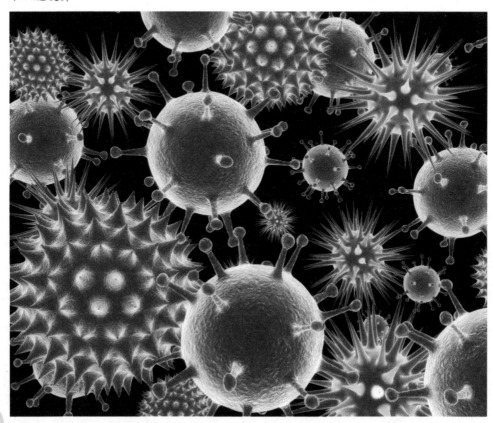

地球的化学化石
——古生菌

微生物是所有微小生物的统称。按流行的三域分类观点，微生物包括古生菌域和细菌域的全部以及真核生物中的真菌界、原生生物界的所有生物。而古生菌成为和细菌域、真核生物域并驾齐驱的三大类生物之一，只是30年前的事。

黄石公园的发现

最先被发现喜好高温的古生菌来自美国黄石公园。古生菌的生活环境常常是极端环境，即普通常见的生物很难生存的高温、强酸强碱或盐浓度很高的环境中。例如温度超过100℃的深海地表的裂缝处、温泉以及极端酸性或碱性的水中。它们还存在于牛、白蚁和海洋生物的体内，并且在那里产生甲烷；它们生长在没有氧气的海底淤泥中，甚至生长在沉积在地下的石油中。某些古生菌在晒盐场上的盐结晶里都能生存。

化学化石——判断古生菌与细菌

要证明古生菌的生存环境类似地球形成的早期，最好是找到古老地质年代的化石遗存。探寻古生菌化石面临许多难题，首先它们是很微小的生物，因此留下的是显微化石，科学家必须花费很多时间去加工样品，还要耐心地去看显微镜。而更麻烦的是，如果发现了纤维生物的化石，怎样去区分古生菌和细菌的化石呢？

古生菌和细菌的形状、大小相似，因此根据外形不容易确定，要靠这些微小生物在显微镜下的化学成分才能判断并得出结论。合乎要求的是某种只存在于某一类生物中的化合物，例如只存在于古生菌中，而不存在于细菌或真核生物中的那些化合物，同时这些化合物在过去亿万年中不容易发生分解作用，即使发生了分解，分解产物也应该是可以预测的化合物。

↑ 古生菌

古生菌的"化学指纹"

古生菌细胞里含有特征性的类异戊二烯化合物链，它们不容易被高温分解，因此它成了一种表明古生菌存在的很好的化学标记。德国科学家在古老的岩石中发现了这种化合物，据推测很可能是甲烷菌留下的。在西格陵兰岛的某些地方存在大约38亿年前的古老的沉积层，其中就留下了古生菌的"化学指纹"，所以这是证明古生菌出现在地球形成后的第一个10亿年的证据。

拓展阅读

微生物也有许多其他高等生物难以比拟的优点。也正是因为这些优点，在生物界激烈的生存斗争中，微生物才能占据有利条件而得以幸存。所以说微生物是地球的主人并不过分。也许有一天，微生物不高兴起来，想让地球上某些物种消失，那这些物种也就难逃厄运了。所以，我们应该保护好地球的环境，维持生态平衡，让地球上各种生物间相互制约，保持力量均衡，这样才能保证彼此相安无事。

活了三万年的太古菌

美国科学家在一块盐晶中发现了存活3万多年之久的细菌，这是迄今为止有关生物体长期生存的最具说服力的例证。

"万岁"细菌——太古菌

"太古菌"是生活在亿万年前的细菌，如今还存活在世界上。太古菌落可以借助盐晶内的液体生长，而盐晶的历史也可追溯至3.4万年前。美国夏威夷大学微生物学家布莱恩·舒伯特及同事对从加利福尼亚州"死亡谷"提取的沉积岩心中的盐晶进行了研究。这些盐晶中含有微小的液体袋状物，舒伯特的研究小组发现，太古菌落能依靠这些液体的样本存活。

中国科学家也曾对此进行研究，他们发现在地下2000米深处的极端条件下，仍然"生活"着大量微生物。

为什么太古菌能活那么久

细菌为何能存活如此长的时间呢？舒伯特解释说，这是因为微生物极具多变性。微生物受环境条件制约很大，环境的改变极易导致微生物的改变，而这许多变异又往往能以稳定的形式遗传下去，这样就产生了新的微生物种类。而这些新种类的微生物恰能适应新的环境要求。通过这种方式，微生物在自然界中变得游刃有余了，而不致被动挨打，遭受灭顶之灾。每个含有活太古菌的晶体里面还存在名为杜氏藻的盐湖藻类的死亡细胞。而死亡细胞内含有高浓度甘油，当甘油从死亡细胞中渗出来后，太古菌就能以此为生。

对于太古菌来说，杜氏藻细胞是一种营养极为丰富的食物，能使它们存活长达3万多年。据舒伯特估计，单单一个杜氏藻细胞所含有的甘油就足以满足太古菌最少1.2万年的生存需要。

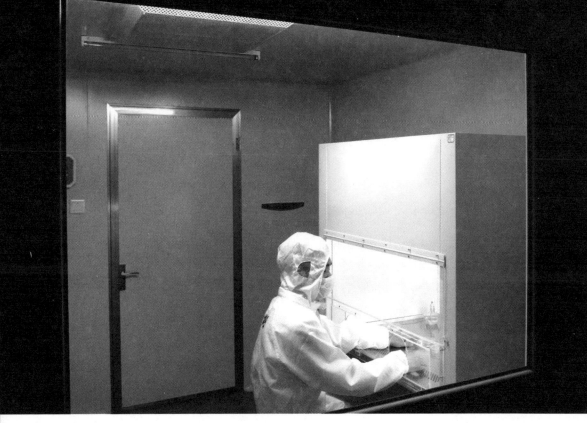

↑通过了解古细菌，人们开始培养各种细菌

顽强的古老细菌

古老细菌可以在恶劣、冰冻的环境中生存近50万年。科学家们迄今为止已经从存活细胞中获取了能独立鉴定出的最古老DNA，也为更好地理解细菌老化过程提供了线索。

研究人员维勒斯说："如果这些古老细菌可以在地球上生存50万年，那么它们也很有可能在火星上存活很长时间。永久冻土会是火星上寻找生物的极好地方。这些杜氏藻的细胞是能修复DNA的活跃细胞，以应对不断退化的染色体组。染色体组是对生命极其重要的遗传物质。人类也是这样。"虽然科学家们至今尚不了解促使杜氏藻细胞持续修复的机制，不过维勒斯说，杜氏藻通过吸收永久冻土中氮和磷酸盐这样的养分而存活。

拓展阅读

陆地上的生物量为数众多，而据国外媒体报道，科学家在深海钻探中也发现了许多微生物。它们为了能在极端环境下生存，演化时间可长达百万年，甚至上亿年，处于"僵尸"状态。

微生物的秘密生活

庞大的微生物世界

微生物是地球上生物多样性最为丰富的资源。微生物的种类仅次于昆虫，是生命世界里的第二大类群。然而由于微生物的微观性以及研究手段的限制，许多微生物的种群还不能分离培养，其中已知种占估计种的比例仍很小。

的生命是不可能存在的。它们是地球上最早出现的生命形式，其生物多样性在维持生物圈和为人类提供广泛而大量的未开发资源方面起着主要的作用。

微生物的多样性包括所有微生物的生命形式、生态系统、生态过程以及有关微生物在遗传、分类和生态系统水平上的知识概念。

假如没有微生物

微生物是生物中一群重要的分解代谢类群，没有微生物的活动，地球上

◆ 人类知道多少种微生物

与高等生物相比，微生物的遗传多样性表现得更为突出，不同种群

↓ 微生物的世界

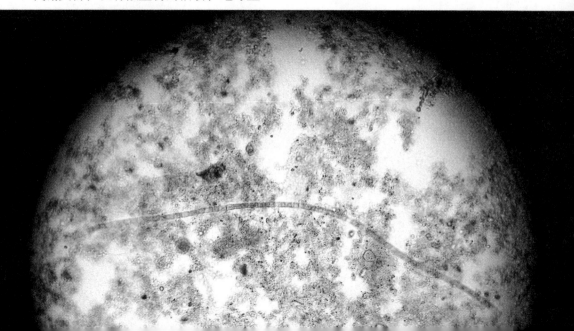

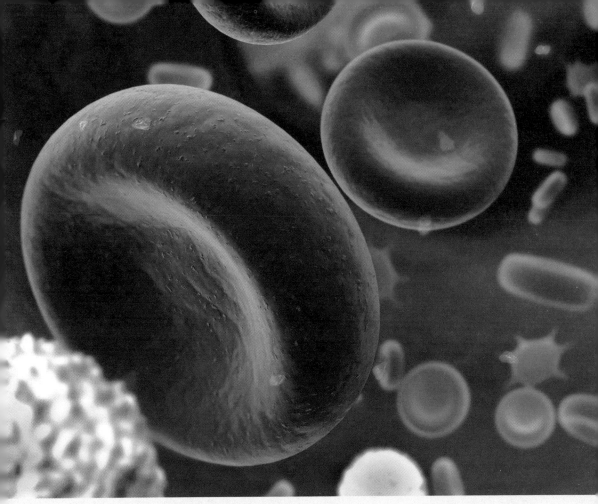
↑人体血液中也有大量的微生物

间的遗传物质和基因表达具有很大的差异。全球性的微生物基因组计划已经展开，它必然将一个崭新的、全面的和内在的微生物世界展现在人们面前。

物种是生物多样性的表现形式，与其他生物类群相比，人类对微生物物种多样性的了解最为贫乏。以原核生物界为例，除少数可以引起人类、家畜和农作物疾病的物种外，人类对其他物种知之甚少。人们甚至不能对世界上究竟存在多少种原核生物做出大概的估计。真菌是与人类关系比较

密切的生物类群，目前已定名的真菌约有8万种，但据估计地球上真菌的种类约为150万种，也就是说人们已经知道的真菌仅为估计数的5%。

微生物的多样性除物种多样性外，还包括生理类群多样性、生态类型多样性和遗传多样性。

微生物的生理代谢

微生物的生理代谢类型之多，是动植物所不及的。微生物有着许多独特的代谢方式，如自养细菌的化能合成作用，厌氧生活，不释放氧的光

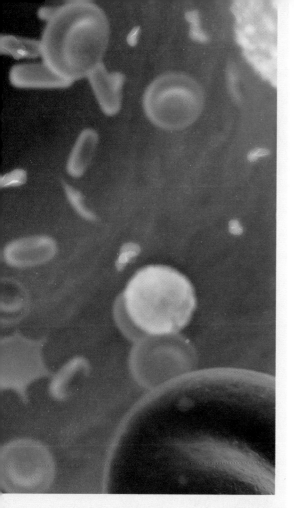

也表现出多样性，主要有互生（和平共处，平等互利或一方受益，如自生固氮菌与纤维分解细菌）、共生（相依为命，结成整体，如真菌与蓝细菌共生形成地衣）、寄生（敌对，如各种植物病原菌与宿主植物）、拮抗（相克、敌对，如抗生素产生菌与敏感微生物）和捕食（如原生动物吞食细菌和藻类）等关系。

中国微生物已知物种数与世界已知物种数的比较

中国已知微生物

病毒：40050008

细菌：500476010

真菌：80007200011

世界已知微生物

病毒：50001300004

细菌：47604000012

真菌：7200015000005

拓展阅读

微生物资源的开发，是21世纪生命科学生命力之所在。由于动植物物种消失是可以估计的，这就意味着微生物多样性的消失现象也在发生，如何利用和保护微生物的多样性已成为亟待解决的问题。近年来，世界各国和国际组织已对此做了许多努力，并提出了一项微生物多样性行动计划。随着这项计划的逐步实施，人类将从微生物生物多样性的利用和保护中受益。

合作用，生物固氮作用，对复杂有机物的生物转化能力，分解氰、酚、多氯联苯等有毒物质的能力，抵抗热、冷、酸、碱、高渗、高压、高辐射剂量等极端环境的能力以及病毒的以非细胞形态生存的能力等。微生物产生的代谢产物种类多，仅大肠杆菌一种细菌就能产生2000～3000种不同的蛋白质。在天然抗生素中，有2/3（超过4000种）是由放线菌产生的。

微生物与生物环境间的作用

微生物与生物环境间的相互关系

微生物让你长了蛀牙

为什么会有虫牙？虫牙，也叫蛀牙，我们在医学上称其为"龋齿"，就是牙齿出现腐烂变黑的现象。蛀牙很大程度上受我们生活方式的影响，如我们吃什么食物、是否注意保持口腔的清洁、我们的饮用水和牙膏中是否含有氟化物，这些因素都决定我们是否会患上蛀牙。此外，是否易生蛀牙也可能受遗传因素的影响。

虫牙是怎样开始侵蚀你的牙齿的

牙齿为什么会腐烂变黑，就是因为口腔内的细菌侵蚀牙齿的薄弱部位，导致牙齿表面变软、腐烂，进而出现牙洞。人体的口腔是一个混合感染的环境，存在着各种各样可以破坏牙齿的细菌，当我们进食后食物残留在口腔环境中，就为这些细菌提供了营养物质。在达到合适的湿度、温度和营养物质条件下，各种细菌迅速繁殖、滋生。同时，这些细菌利用食物

中所含的糖为底物合成细胞外多糖并产酸，使牙齿脱矿，形成龋洞。

微生物让你有了虫牙

约距今4000年之前，就有虫子在虫牙中吃东西、打洞的说法了，但是这种说法在18世纪被否定了。到了1890年，科学家终于在充满细菌的口腔残渣中提取出来一种酸，并且认定这种酸可以腐蚀牙齿。

蛀牙的形成有一定条件：牙齿排列不齐，蛀牙细菌正在旺盛地活动，爱吃甜食，不经常清理牙垢。

口腔里的微生物

人的口腔里至少有120多种细菌，很多人都超过了350种。细菌能粘在牙齿的表面上，其体内有一种像糨糊一样的多糖慢慢形成，并开始繁殖。在没有刷牙的状态下，用指甲从牙齿的表面刮出像是奶酪一样的黏着物就是细菌。

当这种细菌中的糖以及碳水化

合物开始发酵，并且产生酸之后，这种酸开始慢慢变成坚硬的石灰型，牙齿的内部渗透出的光亮经过复杂地反射，使其最后形成了白浊色。

这种过程反复进行的时候，也就形成了蛀牙。

拓展阅读

虫牙是龋齿的俗称，被世界卫生组织（WHO）列为世界三大疾病之一，发病率很高。中国有近4亿人患虫牙，虫牙数高达10亿个，是世界上患虫牙最多的国家。口腔内的细菌侵蚀牙齿的薄弱部位，导致牙齿表面出现牙洞，进而吃甜食时发酸、疼痛；直至牙齿"神经发炎"，表现为剧烈的疼痛。一个成年人口内32颗牙齿中，颗颗牙齿均可得病，且一颗牙齿中又可以有几处龋坏。虫牙能降低人的咀嚼功能，妨碍消化，久而久之，使病者容易得胃病。龋齿按破坏程度，可分为浅、中、深龋；按病变类型，又分急性、慢性、静止、继发龋四种。

↓龋齿

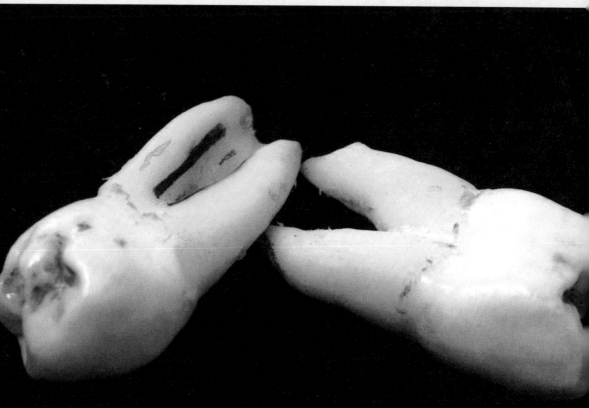

喝一口海水能吞下多少微生物

如果你在海边游泳，科学家会告诉你，仅在1升海水里就有超过2万种微生物。如果你不小心咽下了一口海水，那么就等于咽下了一个拥有1000种细菌的动物园。这就是微生物世界的神秘之处。

人类所认识的地球生物种类

美国马萨诸塞州海洋生物实验室主管米切尔·索金博士介绍说，此前只有约5000种海洋微生物获得官方命名和描述，但事实上，生活在海洋里的细菌种类高达500万～1000万。

而相比之下，人类至今发现地球上小至细菌、大到大象的生物种类数量都不超过100万。那些人类用肉眼无法看到的生物更是占据了海洋生命形态总数的98%之多。

这项科学发现发表在美国《国家科学院学报》上。据介绍，海洋微生物是地球最早生命形态的后代，如果没有它们，海洋里甚至陆地上的所有生物都不可能发展到现在，因此科学家迫切地希望更多地了解这些微生物。

研究人员使用一种DNA技术分析海水样本，这种基因分辨技术能够在很短的时间内从一杯海水中分辨出数千种微生物种类。

海洋深处的"绒毛小家伙"

澳大利亚昆士兰大学的科学家，在该国西部海底深处，发现了一种世界上最小的神秘生物。这种比细菌还小的生物，是在外海由钻油平台从海底约4.8公里深处挖出的砂岩中发现的。它们被称为十亿分之一米，因为它们身体非常小，计算单位要用十亿分之一米。它们的身长只有十亿分之二十米到十亿分之一百五十米，小于细胞，甚至比已知的最小细菌还要小，体积大概和病毒差不多大。由于病毒需要宿主才能繁殖，因此，这种十亿分之一生物将刷新地球生物小体积的记录。

微生物的秘密生活

科学家们指出，这种极小生物的绒毛很像霉菌，再生速度很快，而且实验室反复分析的结果也证实它们含有决定生命与遗传基因的脱氧核糖核酸。在海洋这么深的地方发现世界最小的生物，已经令科学家们相信，在地表深处可能还藏着一个不为人知的微生物世界，其总数可能超过地表所有生物。

体，当寄主衰亡后，它又会另觅新寄主。别看它个子小，生命力却很强，普通的杀菌消毒剂对付不了它，就是100℃的高温也奈何不了它。当它在庄稼地里传播时会使庄稼得病，如果你发现果树和观赏植物患上的是柑橘裂皮病、椰子枯死病、菊花萎黄病，那一定是它干的"好事"。

◆ 类病毒

美国科学家从马铃薯和番茄叶中发现一种更小的病毒，它比最小的植物病毒还要小，只有后者的三十九分之一，在电子显微镜下看它，活像个耳环。由于这类微生物性状同病毒较接近，被命名为"类病毒"。

它只能寄居在别的生物细胞内，利用现成的物质来合成、更新自己的身

◆ 科学家的海洋生物普查计划

科学家进行的这项国际海洋微生物普查是海洋生物普查计划的实地考察子项目。

海洋占地球表面的70%，是迄今所知最大的生命栖息地。国际科学指导专家委员会于2000年牵头开展海洋生物普查计划，为期10年，其目的是

↓水中微生物的多样性亟须探索

评估及解释海洋生物的多样性、分布及其丰富程度，记录全球海洋生物种类、数量及分布。今后，研究人员可以通过图像了解某些海洋生物过去、现在的栖息地，并预计未来它们可能出现的地方。迄今为止已有来自73个国家的1700名科学家参加。

↓喝一口海水能吞下多少微生物？

缺氧大户——浮游生物

在海洋、湖泊及河川等水域中，那些自身完全没有移动能力，或者有也非常弱，因而不能逆水流而动，而是浮在水面生活，这类生物总称为浮游生物。这是根据其生活方式的类型而划定的一种生态群，并不是生物种的划分概念。

浮游生物的世界

浮游生物生活在水表面至水中500米之间阳光充足的浅水区，如果你从海水中取一滴水珠，放在显微镜下观察，便可以看到无数的浮游生物。这些在显微镜下现身的浮游生物按体积分通常可以分为四类：第一类是小于50微米，接下来是介于50微米至1毫米之间，再下来便是肉眼可见的，介于1～5毫米之间的浮游生物，最后则是大型浮游生物，例如水母。

据估计，海中的浮游生物约有100万～150万种，包括植物和动物两大类。体积、种类不同的浮游生物自成一个完整的食物链：浮游动物摄食浮游植物，大型浮游动物摄食小型浮游动物，而捕鱼人知道，有浮游生物的地方，就一定有鱼虾和贝类。

鲸夏天进食的时候，每次可以吸进100～200公斤的浮游生物，以维持庞大的身躯所需。

浮游生物的意义

浮游生物不仅是大海食物链中重要的一环，更是地球上氧气供应的最大来源。海中的浮游植物含有丰富的叶绿素，人类制造的二氧化碳经大海"吸收"后，可供给地球70%的氧气。海不仅是生命之始，更是维持生命不可或缺的一环，陆地上污染的废料，如硝酸盐、磷酸盐等都是浮游生物最好的食物，许多海藻都有吸收污染物质的功能。

浮游生物是经济水产动物，特别是一切幼鱼和中、上层食性鱼类（如鲱鱼、鲐鱼、鲚鱼等）的饵料基础。

↑无处不在的浮游生物

它们的数量和分布可作为探索上述鱼类索饵洄游路线和寻找渔场的标志，对捕捞业有一定指导意义。

浮游生物作为贝、虾、鱼类幼体的天然饵料，其的人工培养对养殖业也帮助很大。有些浮游生物，如蓝藻、甲藻等若繁殖过盛，可产生"湖靛"或"赤潮"，杀死经济水产动物。

浮游生物的作用

如果我们从大海或池塘中取一滴水，放在显微镜下观察，就会看到许多浮游动物和植物。它们大都由一个细胞组成，包括单细胞动植物、细菌、小型无脊椎动物和某些动物的幼体以及很少数的大型种等。不少鱼类以吃小虾、鱼虫等浮游生物为生，而小虾、鱼虫又以浮游植物为食。浮游生物是食物链中的重要一环，所以我们要保护水生生物的生态，否则，池塘、江河、湖泊就会失去渔业上的经济价值。另外，远古时代海洋、湖泊的浮游生物曾是形成石油的重要基础。

一些浮游生物的形态特征

一些体型微小的原生动物、藻类，也包括某些甲壳类、软体动物和某些动物的幼体。它们没有或仅有微弱的游泳能力，可分为浮游植物和浮游动物。按个体大小，浮游生物可分为六类：巨型浮游生物，大于1厘米，如海蜇；大型浮游生物，5～10毫米，如大型桡足类、磷虾类；中型浮游生物，1～5毫米，如小型水母、桡足类；小型浮游生物，50微米～1毫米，如硅藻、蓝藻；微型浮游生物，5～50微米，如甲藻、金藻；超微型浮游生物，小于5微米，如细菌。

拓展阅读

　　浮游生物可作为海流指示种，对探索海流流向有一定帮助。有些发光浮游生物（特别是夜光虫）的大面积发光不利于海军在夜间作战，因为发光可以暴露军舰的航行路线；磷虾类、管水母类等浮游动物大量密集在一起，形成声散射层，可以阻碍或干扰声波在水中的传播。硅藻、放射虫、有孔虫和翼足类等死后外壳大量沉积在海底，成为海洋底质的重要组成部分。这些生物性沉积物对研究海洋地质史和古代海洋环境有一定帮助。还有些浮游动物（如海蜇、毛虾等）是重要的海产品。

　　由于在理论上和实践上的重要性，浮游生物学日益受到各国生物学工作者和水产学工作者的重视。

↓海蜇

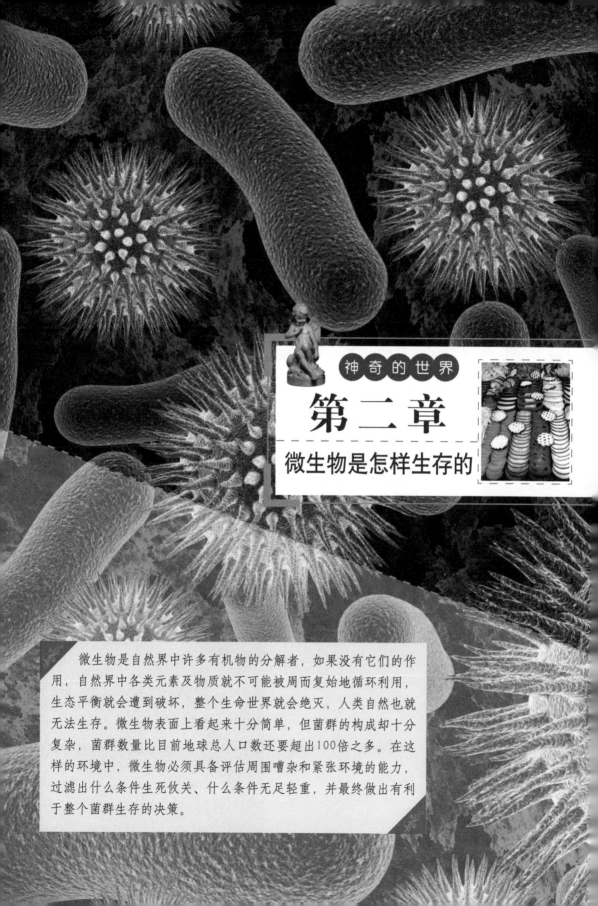

神奇的世界

第二章

微生物是怎样生存的

微生物是自然界中许多有机物的分解者，如果没有它们的作用，自然界中各类元素及物质就不可能被周而复始地循环利用，生态平衡就会遭到破坏，整个生命世界就会绝灭，人类自然也就无法生存。微生物表面上看起来十分简单，但菌群的构成却十分复杂，菌群数量比目前地球总人口数还要超出100倍之多。在这样的环境中，微生物必须具备评估周围嘈杂和紧张环境的能力，过滤出什么条件生死攸关、什么条件无足轻重，并最终做出有利于整个菌群生存的决策。

微生物的特征

在生命世界中，各种生物的体形大小相差极大。如植物中的红杉高达350米，动物中的蓝鲸长达34米。而我们今天知道的最小微生物是病毒，如细小病毒的直径只有20纳米（1纳米为百万分之一毫米）。微生物一般指体形在0.1毫米以下的小生物，个体微小的特性使微生物获得了高等生物无法具备的五大特征，即体积小面积大、吸收多转化快、生长旺繁殖快、适应强变异频、分布广种类多。

体积小，面积大 →

微生物的个体极其微小，必须借助显微镜放大几倍、几百倍、上千倍，乃至数万倍才能看清。表示微生物大小的单位是微米（1米＝10^6微米）或纳米（1米＝10^9纳米）。

用细菌中的杆菌为例可以形象地说明微生物个体的细小。杆菌的宽度是0.5微米，80个杆菌"肩并肩"地排列成横队，也只是一根头发丝横截面的宽度。杆菌的长度约2微米，故1500个杆菌头尾衔接起来也仅有一颗芝麻那么长。

我们知道，把一定体积的物体分割得越小，它们的总表面积就越大，可以把物体的表面积和体积之比称为比表面积。如果把人的比表面积值定为1，则大肠杆菌的比表面积值可高达30万。小体积大面积是微生物与一切大型生物在许多关键生理特征上的区别所在。

↓微生物爆炸式的繁殖

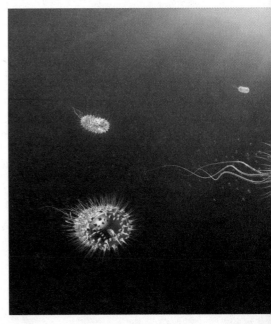

吸收多，转化快

由于微生物的比表面积大得惊人，所以与外界环境的接触面特别大，非常有利于微生物通过体表吸收营养和排泄废物，这就导致它们的"胃口"十分庞大。而且，微生物的食谱又非常广泛，凡是动植物能利用的营养，微生物都能利用，大量的动植物不能利用的物质，甚至剧毒的物质，微生物照样可以视为美味佳肴。如大肠杆菌在合适的条件下，每小时可以消耗相当于自身重量2000倍的糖，而人要消耗这些糖则需要40年之久。如果说一个50公斤的人一天吃掉与体重等重的食物，恐怕没人会相信。

我们可以利用微生物这个特性，发挥"微生物工厂"的作用，使大量基质在短时间内转化为大量有用的化工、医药产品或食品，为人类造福，使有害物质化为无害，将不能利用的物质变为植物的肥料。

生长旺，繁殖快

微生物以惊人的速度"生儿育女"，例如大肠杆菌在合适的生长条件下，20分钟左右便可繁殖一代，每小时可分裂3次，由1个细菌变成8个。每昼夜可繁殖72代，由1个细菌变成4722366500万亿个（重约4722吨）；经48小时后，则可产生约4000个地球之重的后代。

当然，由于种种条件的限制，这种疯狂的繁殖是不可能实现的。细菌数量的翻番只能维持几个小时，不可能无限制地繁殖。因而在培养液中繁殖细菌，它们的数量一般仅能达到每毫升1亿～10亿个，最多达到100亿。尽管如此，它们的繁殖速度仍比高等生物高出千万倍。

微生物的这一特性在发酵工业上具有重要意义，它可以提高生产效率，缩短发酵周期。

适应强，变异频

微生物对环境条件，尤其是恶劣的"极端环境"具有惊人的适应力，这是高等生物所无法比拟的。例如多数细菌能耐0℃到−196℃的低温；在海洋深处的某些硫细菌可在250℃到

異发生的机会只有百万分之一到百亿分之一，但由于微生物繁殖快，也可在短时间内产生大量变异的后代。正是由于这个特性，人们才能够按照自己的要求，不断改良应用在生产上的微生物，如青霉素生产菌的发酵水平由每毫升20单位上升到近10万单位。利用变异和育种，使产量得到如此大幅度的提高，在动植物育种工作中简直是不可思议的。

分布广，种类多

虽然我们不借助显微镜就无法看到微生物，可是它在地球上几乎无处不在，无孔不入，就连我们人体的皮肤上、口腔里，甚至肠胃里，都有许多微生物。85公里的高空、11公里深的海底、2000米深的地层、近100℃（甚至300℃）的温泉、−250℃的环境，这些都属于极端环境，均有微生物的存在。至于人们正常生产和生活的地方，也正是微生物生长、生活的适宜条件。因此，人类生活在微生物的汪洋大海之中，但常常是"深在菌中不知菌"。微生物聚集最多的地方是土壤，土壤是各种微生物生长繁殖的大本营，任意取一把土或一粒土，就是一个微生物世界，不论数量或种类均很多。在肥沃的土壤中，每克土含有20亿个微生物，即使是贫瘠的土壤，每克土中也含有3亿～5亿个微生物。

↑人类可以培育和改良微生物

300℃的高温条件下正常生长；一些嗜盐细菌甚至能在饱和盐水中正常生活；产芽孢细菌和真菌孢子在干燥条件下能保存几十年、几百年甚至上千年。耐酸碱、耐缺氧、耐毒物、抗辐射、抗静水压等特性在微生物中也极为常见。

微生物个体微小，与外界环境的接触面积大，容易受到环境条件的影响而发生性状变化（变异）。尽管变

微生物的秘密生活

微生物是怎么生长的

微生物细胞在合适的环境条件下，会不断获取外界的营养物质。这些营养物质在细胞内发生各种化学变化，有些被作为能源消耗了，有些变成了细胞自身的结构组织，如果变成细胞组织的物质多于被消耗掉的物质，细胞物质的总量就会不断增加，细胞个体就会长大，在达到一定程度时，就会繁殖，即由一个细胞变成两个，两个变成四个……最后发展成一个群体。

微生物惊人的繁殖速度

微生物的生长繁殖速度是惊人的。我们知道，高等生物完成一个世代交替的周期要几年甚至几十年，而微生物完成世代交替只需要几分钟。细菌增殖的方式是二分裂法，即以 2^n 递增，拿大肠杆菌来说，大肠杆菌在适宜温度时20分钟即形成一代，24小时则繁殖72代。当然，因为地球上任何生物都要受到物质条件及其他相关条件的制约，不可能无限繁殖，不过，也确实由于许多致病微生物有着惊人的繁殖速度，才使得我们的医疗手段在它们面前无能为力。

细菌如此，其他微生物也是如此。更有甚者是病毒，它们增殖的方法是复制，就像我们翻录磁带一样。病毒在它们所寄生的细胞中，只需按照自己的模样，利用细胞中的各种原料和酶无休止地复制后代个体，直到被寄生的细胞变成空壳为止。至此，它们从这细胞中破壳而出，一次出来就是上亿个细菌！然后再分别去感染临近的其他细胞，复制新一代的个体。如此，在极短的时间内就可产生数量极多的后代，这也是高等生物自叹弗如的。正是微生物有这样神奇的本领，才得以在地球漫长的进行过程中保存下来，而许多较高等的生物却只能在地球上走过短短的进化年代便销声匿迹了。

到哪里获取营养成分

营养是微生物生长的先决条件。

↑腐烂苹果上的微生物在滋长

在自然界中，微生物从其生存环境中获取生长所需的各种营养成分。在土壤中，各种有机质是异养微生物——细菌、放线菌、霉菌生长所需的碳源和能源。在茂密的丛林中，枯枝败叶是各种土著微生物赖以生长的天然粮库。许多大型真菌生活在草地上、树干上，甚至是腐木上，有些则是与树木的根部共生，它们的营养方式为腐生、寄生，或二者兼而有之。

微生物也在相互"竞争"

面对饥饿或病毒，微生物会做出什么反应呢。一部分微生物会形成孢子，将DNA（脱氧核糖核酸）封闭起来，使母细胞死亡，这确保了整个菌群的生存。一旦威胁消除，孢子萌发，菌群重新生长繁殖。在此过程

中，微生物还要选择是否进入一种"竞争"状态，即通过改变细胞膜，以更容易吸收来自邻近其他死亡细胞的物质。如此一来，在生存压力消失后，这些微生物可以更快地恢复正常生活。雅各布教授认为，这是一个艰难的选择，甚至可以说是一场赌博，因为只有当其他微生物进入到孢子休眠状态时，形势才对进入到"竞争"状态的微生物有利。观测显示，只有约10％的微生物进入到"竞争"状态。为什么不是所有的微生物同时进入到"竞争"状态呢？这是因为微生物不会向自己的同伴隐瞒自己的意图，也不会说谎或推诿，它们之间可通过发送化学信息来传递个体的意图。个体微生物根据所面对的生存压力、同伴的处境、有多少细胞处于休眠状态以及有多少细胞处于"竞争"

状态，来仔细权衡，最终决定个体的状态。

◆ 对环境的适应

我们知道，鸡蛋只有在适合的温度下才能孵化成小鸡，这是因为在细胞中进行的生物化学反应是生命活动的基础，而这些反应需要在一定的温度下进行。对于大多数微生物来说，温度太低，不能进行营养物质的运输，也不利于各种生命过程的进行。在温度适当升高时，细胞内的生物化学反应速度加快，就能加速微生物的生长。当温度超过微生物所能忍受的极限时，就会导致其死亡。

当然，由于自然界的环境与生物种类的多样性，有些微生物能够在一般生物所不能生存的环境条件下生长，例如生活在南极和北极地区的嗜冷微生物、生活在高温环境中的嗜热微生物以及生长在热泉和火山喷口地区的嗜高热微生物等。

拓展阅读

我们都知道新鲜蔬菜被晒干后就不容易腐烂了，这是因为蔬菜的水分减少了，引起蔬菜腐烂的微生物就不容易生长。微生物的生长必须有水，但结合在分子内的水不能被微生物利用，只有游离的水才能被利用。采用"水活度"值这一概念来表示能被微生物利用的实际含水量，微生物所需要的水活度越高，在干燥的环境下就越不容易生长。

↓ 实验室里的细菌培养实验

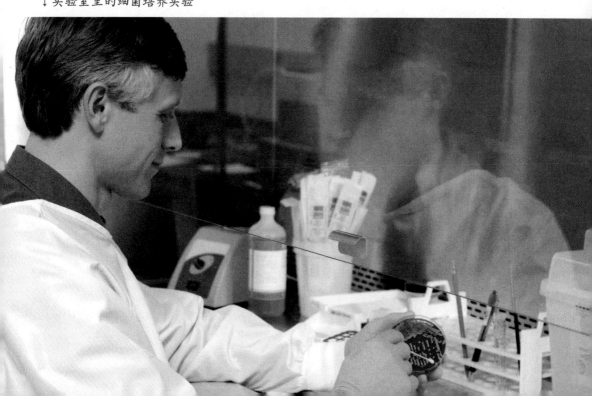

微生物的营养来源

　　人要吃饭、动物要猎食、庄稼要施肥，这是因为生命需要从外界取得进行生命活动的原料和燃料。用生物学家的话来说，生物为了生命活动而从外界获取需要物质的过程就是获取营养，获取营养是生物的基本功能。微生物是有生命的物体，营养同样是其进行生命活动的基础。微生物需要的营养和人对营养的需要没有本质的区别，但可以提供给微生物作食物的东西可比人或动物能够利用的食物种类多得多。微生物需要的营养要素可分为六大类，即碳源、氮源、能源、无机盐、生长因子和水。

碳源

　　人需要吃米饭、馒头或面包，这些食品的主要成分在化学上叫作碳水化合物，因为这些化合物的分子中含有比较多的碳元素，所以叫作碳源。它也是微生物食物中的一种主要口粮，因为微生物细胞中的许多成分都是由碳元素构成

的，同时碳源又为微生物提供能量，供它们运动和进行各项生命活动。能被各种微生物利用的碳源种类极多，从简单的无机含碳化合物（如二氧化碳、碳酸盐等）到比较复杂的有机物（如糖类、醇类、酸类等），更为复杂的有机大分子，如蛋白质、核酸等，都能被微生物作为碳源分解利用，甚至连石油以及对一般生物有毒的腈类化合物、二甲苯、酚等也能被一些微生物用作碳源。不过，有的微生物所能利用的碳源种类极其有限，例如甲基营养细菌只能利用简单的有机化合物甲醇和甲烷作为碳源。

氮源

　　人需要吃肉或喝牛奶，其中主要含有蛋白质，蛋白质由氨基酸组成，氨基酸里面含有较多的氮元素，所以这类营养叫作氮源。微生物能利用的氮源种类也比人或植物要多，动植物能利用的氮源微生物都能利用，而一般植物和动物不能利用空气中的氮气，微生物也能利用。氮源给微生物提供生长繁殖时合成原生质和细胞其

他结构的原材料。缺少氮源，微生物就难以生长，就像长期缺少蛋白质营养的儿童长不高一样。氮源一般不作为微生物的能源，但是有些细菌，例如硝化细菌能利用铵盐、亚硝酸盐作为氮源和能源。

能源

能源是提供微生物生命活动所需能量的物质。例如太阳光的光能就是许多可以进行光合作用细菌的直接能源。自然界中的不少物质，如葡萄糖、淀粉等，既可作为碳源，又可作

为能源；蛋白质对于某些微生物来说，是具有碳源、氮源和能源三种功能的营养源。至于空气中的氮气，则只能提供氮源，而阳光仅提供能源。

无机盐

人需要吃盐、补钙，庄稼需要用草木灰补充钾。与高等生物一样，微生物的生命活动中，除了需要碳源、氮源和能源之外，还需要其他元素，例如硫、磷、钠、钾、镁、钙、铁等，还需要某些微量的金属元素，诸如钴、锌、钼、镍、钨、铜等。上述

↓微生物的营养来源

↑食物成为了微生物的营养来源

元素大多是以盐的形式提供给微生物的，因此它们也称为无机盐或矿质营养。这些无机盐是组成生命物质的必要成分，其中有些是维持正常生命活动所必需的，有些则是用于促进或抑制某些物质的产生。

生长因子

人和动物需要维生素，许多微生物也需要维生素。维生素是微生物自身不能合成的微量有机物质，它们对微生物生命活动也是不可缺少的。例如酵母菌和乳酸细菌必须由外界提供生长因子，才能够生长或生长良好。

有些微生物，例如大肠杆菌、多数真菌和放线菌能够自行合成生长因子，不需要从外界获得。还有些微生物能产生过量的生长因子，因此可以利用它们来生产维生素，例如人们常常需要补充的维生素B_2（核黄素）就是利用一种酵母菌生产的。

水

同一切生物一样，微生物的营养中不可缺少水。水是微生物细胞的主要化学成分之一。生命活动基本上是通过一系列化学反应实现的，这些化学反应绝大多数是在水中进行的。细胞内外物质的交换，通常也是溶解在水中进行的；水还可以维持生命大分子，例如核酸、蛋白质的分子结构稳定性；水还可以参与体内的化学反应，例如水解、水合反应等。

拓展阅读

根据微生物对营养源中碳源、能源需求的不同，微生物学家将它们划分为若干营养类型。如果所需碳源是无机化合物，我们称该类微生物是自养微生物；如果碳源是有机化合物，则称为异养微生物；如果以光能为能源，我们称之为光能微生物；以化学反应产生的能量为能源的则是化能微生物。所以，微生物营养类型可以分成光能自养、光能异养、化能自养和化能异养四种类型。

生存在海洋中的微生物

海洋堪称世界上最庞大的恒化器，能承受巨大的冲击（如污染）而仍保持其生命力和生产力；微生物在其中是不可缺少的活跃因素。自人类开发利用海洋以来，竞争性的捕捞和航海活动、大工业兴起带来的污染以及海洋养殖场的无限扩大，使海洋生态系统的动态平衡遭受严重破坏。海洋微生物以其敏感的适应能力和快速的繁殖速度在发生变化的新环境中形成区系，积极参与氧化还原活动，调整与促进新生态平衡的形成与发展。从暂时或局部的效果来看，其活动结果可能是利与弊兼有，但从长远或全局的效果来看，微生物的活动始终是海洋生态系统发展过程中最积极的一环。

海洋循环系统的决定者

海洋中的大部分微生物都是分解者，但有一部分是生产者，因而具有双重的重要性。实际上，微生物参与海洋物质分解和转化的全过程。微生物在海洋无机营养再生过程中起着决定性的作用。某些海洋能自养细菌，可通过对氨、亚硝酸盐、甲烷、分子氢和硫化氢的氧化过程取得能量而繁殖。在深海热泉的特殊生态系中，某些硫细菌是利用硫化氢作为能源而繁殖的生产者。在深海底部，硫细菌实际上负担了全部初级生产。另一些海洋细菌则具有光合作用的能力。不论异养或自养微生物，其自身的繁殖都为海洋原生动物、浮游动物以及底栖动物等提供直接的营养源。这在食物链上有助于初级或高级的生物生产。

微生物们各施其责

在海洋动植物体表或动物消化道

↓细菌为海洋生物（如水母）提供营养物质

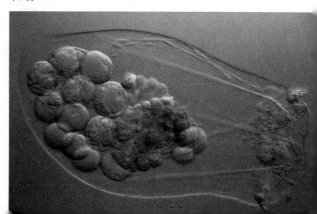

内往往会形成特异的微生物区系，如弧菌等是海洋动物消化道中常见的细菌，分解几丁质的微生物往往是肉食性海洋动物消化道中微生物区系的成员。某些真菌、酵母和利用各种多糖类的细菌常是某些海藻体上的优势菌群。微生物代谢的中间产物，如抗生素、维生素、氨基酸或毒素等是促进或限制某些海洋生物生存与生长的因素。某些浮游生物与微生物之间存在着相互依存的营养关系。如细菌为浮游植物提供维生素等营养物质，浮游植物分泌乙醇酸等物质作为某些细菌的能源与碳源。

由于海洋微生物富变异性，故能参与降解各种海洋污染物或毒物，这有助于海水的自净化和保持海洋生态系统的稳定。

拓展阅读

科学家发现微生物可分为两个类别。

第一个类别包含很多微生物种类，它们的数量是难得的丰富，似乎适应了一种"随遇而安"的生活方式：在能量充足的环境中生长很快，而在食物缺乏时则生长很慢；第二个类别包含少数几种丰富的、普遍的浮游生物，它们通常数量很多。

这些浮游生物中未培养的微生物基因组相对较小，可能是通过生长缓慢和维持较少生物质来避免被捕食。

↓显微镜下"随遇而安"的微生物

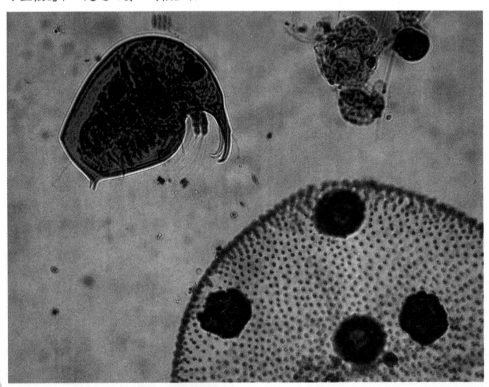

生存在极端环境中的微生物

在自然界中，有些环境是不能使普通生物生存的，如高温、低温、高酸、高碱、高盐、高压、高辐射等。然而，即便是在这些通常被认为是生命禁区的极端环境中，仍然有些微生物在顽强生活着，我们将这些微生物叫作极端环境微生物或简称为极端微生物。

喜欢寒冷的嗜冷菌

在地球的南北极地区、冰窖、终年积雪的高山、深海和冻土地区，生活着一些嗜冷微生物。嗜冷菌适应在低于20℃以下的环境中生活，在温度超过22℃时，其蛋白质的合成就会停止。嗜冷菌的细胞膜内含有大量的不饱和脂肪酸，会随温度的降低而增加，从而保证了膜在低温下的流动性，这样，细胞就能在低温下不断从外界环境中吸收营养物质；另一种嗜冷菌能生长在温度达到30℃的环境中。嗜冷微生物是导致低温保藏食品腐败的根源。

不怕烫的高温菌

嗜热菌俗称高温菌，广泛分布在温泉、地热区土壤、火山地区以及海底火山地等。兼性嗜热菌的最适宜生长温度在50℃～65℃之间，专性嗜热菌的最适宜生长温度则在65℃～70℃之间。在冰岛，有一种嗜热菌可在98℃的温泉中生长。在美国黄石国家公园的含硫热泉中，曾经分离到一种嗜热的兼性自养细菌——酸热硫化叶菌，它们可以在高于90℃的温度下生长。

近年来，这种细菌已受到了广泛重视，可用于细菌浸矿、石油及煤炭的脱硫。在一些污泥、温泉和深海地热海水中生活着能产甲烷的嗜热细菌，其生活的环境温度高，盐浓度大，压力也非常高，在实验室很难被分离和培养。

嗜热真菌通常存在于堆肥、干草堆和碎木堆等高温环境中，有助于一些有机物的降解。在发酵工业中，嗜热菌可用于生产多种酶制剂，例如纤维素酶、蛋白酶、淀粉酶、脂肪酶、菊糖酶等。

喜欢吃盐的细菌

嗜盐菌通常分布在晒盐场、盐湖、腌制品中以及死海中。嗜盐菌能够在盐浓度为15%～20%的环境中生长，有的甚至能在32%的盐水中生长。极端嗜盐菌有盐杆菌和盐球菌，属于古菌。盐杆菌细胞含有红色素，所以在盐湖和死海中大量生长时，会使这些环境出现红色。一些嗜盐细菌的细胞中存在有紫膜，膜中含有一种蛋白质，叫做细菌视紫红质，能吸收太阳光的能量。嗜盐菌能引起食品腐败和食物中毒，副溶血弧菌是分布极广的海洋细菌，也是引起食物中毒的主要细菌之一，它们能通过污染海产品、咸菜等致病。嗜盐菌可用于食用蛋白、调味剂、保健食品强化剂，还

↓嗜热菌

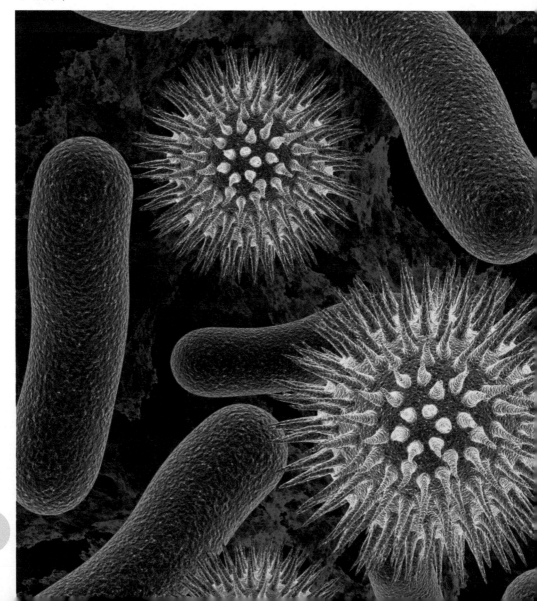

可用于海水淡化、盐碱地改造利用以及能源开发等。

拓展阅读

在海洋深处以及深油井中，还分布着一些嗜压微生物，它们生存的环境中压力达一千多个大气压，在常压下它们却是不能生存的。有人曾经在太平洋靠近菲律宾的10897米深的海底分离到嗜压的细菌，还发现嗜压的酵母菌。耐高温和厌氧生长的嗜压菌有望用于油井下产气增压和降低原油黏度，借以提高采收率。

我国各地分布着热泉，有些地区还有酸性热泉，西北地区还有大盐湖，东部和南部有辽阔的海洋，其中极端环境微生物资源非常丰富，有待人们去开发和利用。

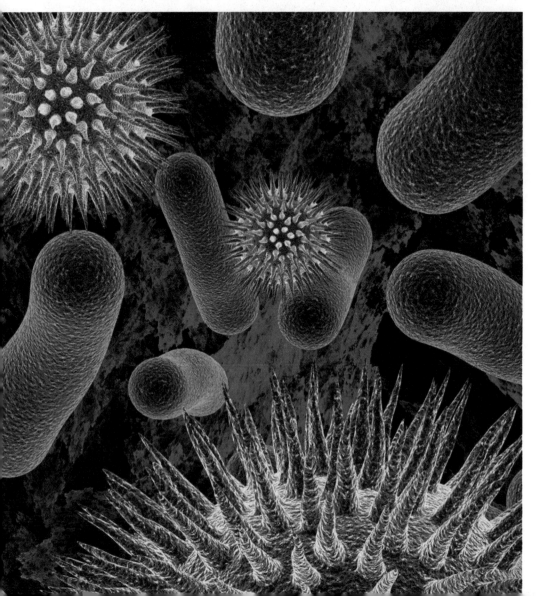

神奇的世界

第三章

微生物与人体健康

微生物在自然界中的分布极为广泛，空气、土壤、江河、湖泊、海洋等都含有数量不等、种类不一的微生物存在，在人类、动物和植物的体表及其与外界相通的腔道中也有多种微生物存在。我们人类生活在微生物的"海洋"中，时时刻刻与微生物"共舞"，所以微生物与人类的关系非常密切。实际上，我们应当正确看待微生物与人类的关系，微生物既是人类的"敌人"，又是人类的"朋友"，人类应该征服"敌人"，也要加深与"朋友"的友谊，让微生物与人类和平共处。

人体常见的正常菌群

正常的人和动物体上都存在着许多微生物。有人估测过，正常的成年人体内含有的微生物种类可达1014个。而有的动物体内含微生物数量就更多，如反刍动物的瘤胃液中每毫升含有的微生物种类就达1013个之多。这些微生物广泛分布于动物的体表、消化道、呼吸道和泌尿生殖道的管腔中。

人一出生就被微生物包围

正常的胎儿体内是不含有任何微生物的，而当胎儿从母体产出数小时后，就可以在体表和与外界相通的体腔中分离到微生物。这说明，人身体上最初的微生物是婴儿在生产过程和产后与周围环境接触以后，受到母体和周围环境污染而带上的。由于人和动物的体表及与外界相通的管腔连通外界环境，而外界环境中都有许多微生物的分布。因此，环境中的微生物不可避免地要转移到人及动物体上来。

那么，人体的微生物种群会发生改变吗？

人体中正常的微生物种群不是一成不变的，而是随着年龄、饮食结构的改变、机体状况及环境条件的改变而经常变化。可以说，人及动物体上的正常菌群处于一个动态平衡之中。有时由于各种原因，这种平衡会被打破，表现出病理状况。如人患霍乱时，肠道中正常的厌气性菌数急剧下降，而霍乱弧菌数却同步增加。这些表明，正常菌群建立的动态平衡对动物机体的健康起着多么重要的作用。

微生物群间的关系

在微生物侵入动物机体时，往往不是只有一种或两种微生物，而是许多种微生物同时入侵，哪几种微生物最终能定居到动物体的某个部位，则完全要看微生物能否适应动物体及该微生物在生存竞争中是否具有优势。因此，在入侵的微生物种群间也存在着激烈的生存斗争，我们现在用来治病的各种抗生素，其实就是微生物为了争取到更大的生存空间和得到更多食物来源而产生的抑制其他微生物生长的物质。

事实上，微生物间的相互关系是复杂的，它们既有生物拮抗的一面，也有相互共生的一面，当它们之间达到生态平衡后，正常的微生物群落也就建立起来了。

微生物与人体的互生

多汗的地方，例如胳肢窝和脚趾缝里微生物也多，通常所说的汗臭味就是由微生物分解汗液造成的。婴儿臀部常容易出现湿疹，这不是因为尿本身刺激皮肤所致，而是由于细菌在残留尿液中生长并产生氨气引起的，因为氨气对皮肤有强烈刺激性。当长期不洗澡或洗脸不认真时，就可能由

细菌或霉菌在身上或脸上引起皮疹、发炎，继而流出大量的脓和污物。当皮肤大面积烧伤或黏膜破损时，葡萄球菌便会侵袭创伤面，进行大量繁殖，从而引起创伤发炎溃烂；当机体着凉或疲劳过度时，在健康人的呼吸道中能分离到肺炎的肺炎链球菌，从而引起咽炎和扁桃体炎。龋齿是牙齿腐坏的一种常见形式，可能主要是由于正常菌群的稳定性被破坏，而使某些厌氧细菌造成的。

↓人体中含有很多常见菌群

正常菌群对宿主的有益作用

从人和动植物的表皮到人和动物的内脏，也都生活着大量的微生物。如大肠杆菌在大肠中清理消化不完的食物残渣，把手放到显微镜下观察，一双普通的手上竟有四万到四十万个细菌，即使是一双刚刚用清水洗过的手，上面也有近三百个细菌。幸好大多数微生物不是致病菌，否则后果将不堪设想。

当正常菌群与人体处于生态平衡时，菌群在它们寄居的人体部位获取营养进行生长繁殖，而宿主也能从这些寄生在他们身上的细菌中得到多种好处。一般来说，有以下几方面：

菌群的营养作用

正常菌群的营养来自宿主组织细胞的分泌液、脱落细胞以及某些腔道中的食物碎屑和残渣等。菌群的代谢产物除供给细菌自身利用外，一部分可以被宿主吸收利用。例如，过去外科医生不太重视肠道正常菌群中的大肠埃希氏菌能合成B族维生素和维生素K的功能，所以在肠道手术后为避免发生感染，常用抗生素做预防性治疗，结果手术后感染是防止了，病人却出现了厌食和贫血等维生素B和维生素K的缺乏症，因为大肠杆菌也被抗生素杀死了。所以现在遇到这类需施行肠道手术的患者，在给予广谱抗生素预防术后感染的同时，必须补充足量的维生素B和维生素K。

菌群起到的免疫作用

在正常菌群的细胞中，有许多成分可以促进宿主免疫器官的发育成熟。有学者曾经做过实验，他们把刚孵化出来的小鸡分成两组，一组放在没有细菌的环境中生活，成为无菌鸡；另一组让它们正常生活，即带菌鸡。结果发现无菌鸡的小肠和回肓部的淋巴结都要比普通带菌鸡少80%左

↓每一滴水中都含有无数细菌

右。如果将这些无菌鸡暴露在普通有菌的环境中饲养，使之建立正常菌群，则经2周后，它们免疫器官的发育和功能就可与普通鸡相近。此外，有些正常菌群的细胞组分与病原菌的相同，因此，它们能刺激宿主免疫系统产生像抗体一类的免疫物质，这些免疫物质也能对抗相应病原菌的侵袭。

抗衰老作用

现在一般认为，衰老是由于体内积累了过多的有毒化学物质——自由

基。双歧杆菌、乳杆菌、肠球菌等肠道正常菌群产生的超氧化物歧化酶，可以催化宿主体内自由基的歧化反应，消除自由基毒性，保护细胞免受活性氧的损伤，因此具有一定的抗衰老作用。

其他作用

肠道正常菌群有一定的抗肿瘤作用。其原因是这些正常菌群能产生多种酶，以降解肠道内致癌物，或可以将致癌物的物质转变成为无害物质。它们还可以激发人的免疫功能，调动处于待命状态的巨噬细胞等人体卫士围歼病原菌。

拓展阅读

寄居在人类体表和体内的微生物可分为三类：

1.正常菌群，指定居在人类皮肤及黏膜上的各类非致病微生物。它们非但无害，反而具有拮抗某些病原微生物和提供某些营养物的作用。

2.条件致病性微生物，原属正常菌群中的细菌，不会引起疾病。但由于机体抵抗力下降，微生物寄居部位改变或菌群失调，此时该菌可致病，临床上多引起内源性感染。近年来，由于大量广谱抗生素和免疫抑制剂的使用，这些条件致病菌越来越显示其致病作用。

3.病原微生物，是少数可使人类和动植物致病的微生物，影响人类健康与生命，是医学微生物中研究的主体。

你的伤口为什么会感染

有了伤口不及时处理，就会感染，一旦感染就是一件很麻烦的事。那么伤口为什么会感染呢？

除了昆虫叮咬或外伤直接将病原菌导入组织或血流引起的感染外，绝大多数的感染是从病原菌粘附到宿主黏膜上皮细胞表面开始的。这是形成感染必需的第一步。例如淋病奈瑟氏菌的菌毛粘附到尿道黏膜上皮细胞表面，而且不能被尿流冲出；大肠埃希氏菌、伤寒沙门菌、志贺氏菌等均有菌毛，它们可以牢牢地粘附在肠黏膜上而不受肠蠕动的影响；百日咳鲍特氏菌的菌毛粘附到气管和支气管黏膜的纤毛上皮层，也不会被呼吸道的纤毛运动清除。

细菌是怎样"粘附"上我们的

细菌的粘附作用和它们的致病性有密切关系。例如让志愿参加实验的人口服没有菌毛的肠产毒素型大肠埃希氏菌，不能引起腹泻。在兽医界，已将动物肠产毒素型大肠埃希氏菌的菌毛制成疫苗，对预防新生小牛、小猪由该菌引起的腹泻效果明显。

当病原菌牢固地粘附在易感组织表面后，有的立即在组织表面生长繁殖，引起疾病，但它们并不穿透进细胞，例如霍乱弧菌；有的则进入细胞内生长繁殖，产生毒性物质，致使细胞死亡，从而造成浅表的组织损伤（溃疡），但病原菌不再进一步侵入和扩散，例如引起痢疾的志贺氏菌；还有一些病原菌则通过黏膜上皮细胞或细胞间质进入下部组织或血液中进一步扩散。

不是所有细菌都导致感染

一般情况下，进入宿主体内的病原菌是不多的。如果它们不能迅速繁殖成很大的数量，要想侵犯我们人体这个跟细菌相比的庞然大物是不大可能的。当病原菌侵入机体后，是否能致病，首先要看该病原菌能否在侵入的部位繁殖，而不同部位的条件是千差万别的。例如破伤风的"梭菌芽

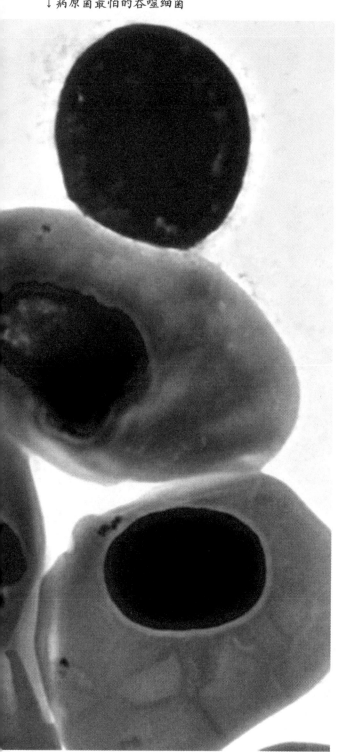

↓病原菌最怕的吞噬细菌

孢"随尘土等进入了普通浅表部伤口，由于这种细菌是厌氧菌，而浅表部位不是厌氧微环境，芽孢不能出芽和繁殖，这样就不会引发破伤风病。而奇异变形杆菌易在肾脏内生长，是因为这种细菌能产生尿素酶，可以分解利用尿液中的尿素作为生长的养料。

病原菌与吞噬细胞的抗争

细菌一旦进入机体内，首先遇到的是吞噬细胞。非病原菌很容易被吞噬细胞摄取、消化，并将菌体蛋白质等作为营养来源。但病原菌不同，它们有多种办法来对付吞噬细胞。例如肺炎链球菌、炭疽芽孢杆菌、流感嗜血杆菌等，在它们的菌体外有一层厚度大于2微米的特殊结构，叫做荚膜，它的化学成分是多糖或多肽，它们能保护病原菌不易被吞噬细胞吞噬，即使被吞噬后亦不易被杀死，反而在吞噬细胞内生长繁殖，致使吞噬细胞死亡。有的学者把不能形成荚膜的肺炎链球菌注射到小鼠腹腔里，即使注射的细菌

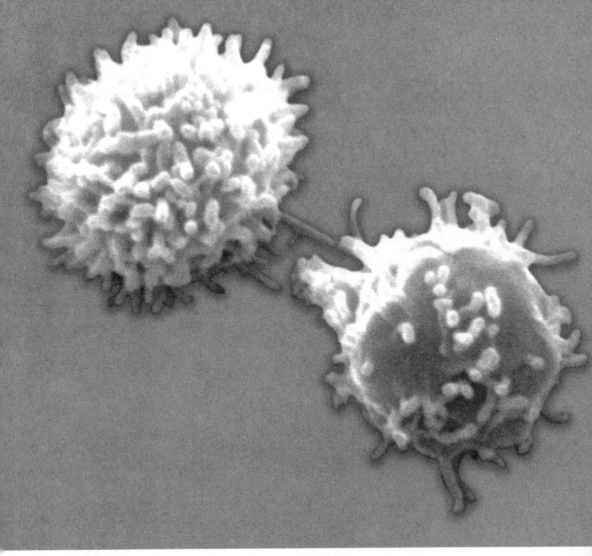

↑人身体中有保护功能的白细胞

数量高达数万个，小鼠也安然无恙。原因是注射到腹腔内的病原菌都被腹腔中的巨噬细胞吞噬掉了。

有些病原菌采用其他方式来对付机体的吞噬细胞。例如金黄色葡萄球菌能产生一种凝固酶，这种酶使宿主血浆中本来是液体状态的纤维蛋白原变成固体状态的纤维蛋白，结果使纤维蛋白围绕于病原菌四周，犹如荚膜也能抵抗吞噬作用。如果从病人的脓液、血液等标本中分离、培养出葡萄球菌，要判定它们是否为病原菌时，必须做凝固酶试验，即将人或兔的血浆与从标本中分离出来的菌混合，观察液态血浆是否凝固的实验。伤寒沙门氏菌能产生一种阴性趋化物质，使吞噬细胞不能与之接近；A群链球菌能产生杀白细胞素，病原菌被中性粒细胞吞入后，杀白细胞素立即发挥作用，将吞噬细胞先行杀死。

为什么水土不服会生病

生态平衡中的正常菌群和宿主机体，只要有一方发生较大的不可逆改变，就有可能造成生态失调而导致疾病。其中，由菌群因素引起的有菌群失调，由宿主因素引起的有免疫功能低下，两者都和正常菌群寄居部位的改变等有关。

人为什么会水土不服

许多人都有"水土不服"的经历，新到一个地方品尝美味佳肴后大倒胃口，发生腹泻。产生这种疾病多半是由于患者到达这个新地方后，由于最初几天饮食不慎，通过饮水或其他途径使患者肠道内增加了某些新的微生物，它们与原来居住在患者肠道内的微生物没有建立协调关系，使得某些可能致病的细菌大量繁殖，因而引发类似痢疾的症状。

人体内失调的菌群

在宿主某部位寄居的正常菌群中，细菌的种类和数量比例是比较恒定的。但在使用抗菌药物治疗感染性疾病过程中，又会引发另一种新的感染病症，其原因就是因为长期或大量应用抗菌药物后，大多数正常菌群被杀死或抑制，而原来处于劣势的少数菌群或外来的不能被抗菌药物杀死的细菌便会趁机大量繁殖，使原来的菌群种类和数量比例大大改变。这种因严重的菌群失调导致的疾病称为二重感染，引起二重感染的常见菌有金黄色葡萄球菌、白假丝酵母、艰难梭菌等。这时候人就会出现假膜性肠炎、肺炎、鹅口疮等。

人体的免疫功能低下

这种平衡失调主要是因为宿主的局部或全身性免疫功能下降而引起，而正常菌群的种类和数量比例并无变化。例如拔牙或实行扁桃体摘除手术后，寄居在口腔或鼻咽部的甲型链球菌可经手术伤口进入血液，如果病人有先天性心脏缺损，便往往会引起细菌性心内膜炎。在自身免疫病、器官移植、肿瘤等患者的治疗过程中，常需使用大剂量的皮质激素、抗肿瘤药物或放射治疗等，这些医疗措施会造成机体全身性免疫功能降低，从而使一些正常菌群进入血液。此时，它们可以穿越原来将其阻挡在外面的黏膜屏障，使人体患上败血症，甚至死亡。

如果细菌的寄居部位改变

正常菌群如果从原来寄居部位转移到宿主的其他部位，就有可能引起疾病。原因是菌群进入宿主的新部位，不像原寄居部位的组织细胞对这些菌已经适应，能够和平相处、平安无事。例如，若肠道中的大肠埃希氏菌进入泌尿道，可引起肾盂肾炎、膀胱炎等；若因外伤或手术伤口进入腹腔、血流，可导致腹膜炎、败血症等。

↓人体免疫系统与病菌

无菌的世界

　　无菌技术一般分为灭菌、消毒和防腐3个不同层次。灭菌指彻底、永久地消灭物体内外一切微生物；消毒指消除物体表面或内部的病原微生物；防腐则是抑制物体内外微生物的生长。在微生物学研究、微生物工业生产和大型手术中，为了获得可靠的结果、保证生产的顺利或避免感染，要求将器具进行灭菌，甚至连场地和环境也要进行严格的灭菌；而对于一般的食品，为了保证其营养成分不受或少受破坏，所以通常只需采取消毒和防腐措施。

如何实现灭菌

　　目前使用的灭菌技术有两大类，即干热灭菌和湿热灭菌。

　　干热灭菌最常见的例子是用火焰灭菌。这是最彻底的灭菌方法，但并不是随时随处都可以应用的，我们常常用这种方法来处理病死的家畜家禽。实验室或发酵车间也经常用火焰

灭菌。要求灭菌后的器具在干燥的情况下，通常也采用干热灭菌。例如用电烤箱在160℃左右保持2小时，就能将玻璃或金属器皿中的病菌完全灭掉。

　　湿热灭菌的方法更多。因为在有水或水蒸气存在的条件下，细胞内部更易遭受伤害，所以可以在较低的温度和较短的时间内达到灭菌的目的。

　　冷冻和加热的不同之处在于前者不是简单地破坏微生物，而是抑制微生物的生长和繁殖。低温法抑菌在食品工业中采用最多，因为在低温下（4℃左右）大多数病原菌都不能生长，但在微生物学实验和微生物工业中，这种方法起不到灭菌的作用。一般在零下20℃，微生物就不会生长了，因为此时没有液态的水供微生物活动之用。还有些微生物可以被冰杀死，因为冰会破坏微生物细胞膜。

　　间歇灭菌法又叫分段灭菌法。在没有高压灭菌设备，灭菌对象又比较稳定的情况下，可以达到几乎完全灭菌的目的。一般用于液体的灭菌，方法是将要灭菌的液体在90℃～100℃加热15分钟以上，使营养细胞死亡，

↑ 在干净无菌的世界

然后将其冷却到30℃，并保持这个温度过夜。这时，灭菌样品中没有被杀死的芽孢因为温度适合而萌发成营养细胞，到第二天把该液体再次放到90℃～100℃的环境中加热15分钟以上。如此重复3次，即可以将液体中的微生物全部杀死，达到灭菌的目的。

和酱油等的消毒，消毒后仍可保持食品的原有风味。这种方法具体实施时对温度和作用时间的控制要依据处理对象决定。例如目前对牛奶的消毒就有低温维持法和高温瞬时法两种，前者是在63℃的环境中维持30分钟，后者则是在72℃的环境中处理15秒。

◆▶ 巴斯德消毒法

巴斯德消毒法最早是法国伟大的微生物学家巴斯德用来防止葡萄酒变酸的办法，所以一直用巴斯德的名字命名。这种方法目前仍然大量在食品行业中应用，如对牛奶、啤酒、果酒

◆▶ 杀灭几类主要微生物的条件

酵母菌：70℃～80℃，5分钟

霉菌：80℃，30分钟

细菌（中温细菌）：120℃，5～12分钟

病毒：60℃，30分钟

病原菌是怎样使人生病的

微生物致病给我们的生活带来了极大的危害。为了治疗这些疾病，全世界虽然已经花费了无法统计的费用，但有些疾病的罪魁祸首仍然没有被征服，如艾滋病的患者和感染者还在每年成倍增长。人类和病原微生物的斗争也许是一场永远看不到尽头的战争。因此有的学者认为微生物学甚至比别的学科更重要：如果人类被病原微生物消灭了，其他科学又有什么意义呢？

什么叫病原菌

病原微生物又可称为病原菌，是指能入侵宿主引起感染的微生物，包括细菌、真菌、病毒等。病原菌为什么会使人生病呢？因为它们能产生致病物质，造成宿主感染。如果不产生致病物质，就是非病原菌。至于正常菌群，当与宿主处于生态平衡状态时，它们不会引起机体的感染，故属于非病原菌范畴。但是，在特定条件下，因为菌群失调、宿主免疫功能低下或菌群寄居部位改变造成了生态失调状态，正常菌群也能引起感染，这样它们又应算作病原菌。为此，将这些正常菌群称为条件性病原菌或机会性病原菌，意思是在特殊条件下或遇到合适机会时，它们也可以具有病原菌的特性，造成人类感染性疾病。

不同病原菌对人体的危害

霍乱弧菌、痢疾杆菌和大肠杆菌能产生分泌到它们细胞外面的肠毒素，引起患者腹泻；鼠疫杆菌分泌的鼠疫毒素作用于患者全身血管及淋巴，使其出血和坏死；还有些细菌产生不分泌到菌体细胞外的毒素，例如沙门氏菌。当我们不小心弄破了手足而伤口又比较深时，或者被锈铁钉扎到肉里，必须到医院去注射预防针，预防由梭状芽孢杆菌引起的破伤风。梭状芽孢杆菌也来自土壤，是一种不喜欢氧气的厌氧菌，它在氧气较少的深部伤口中繁殖，并产生一种能置人于死地的毒素。还有一种梭状芽孢杆

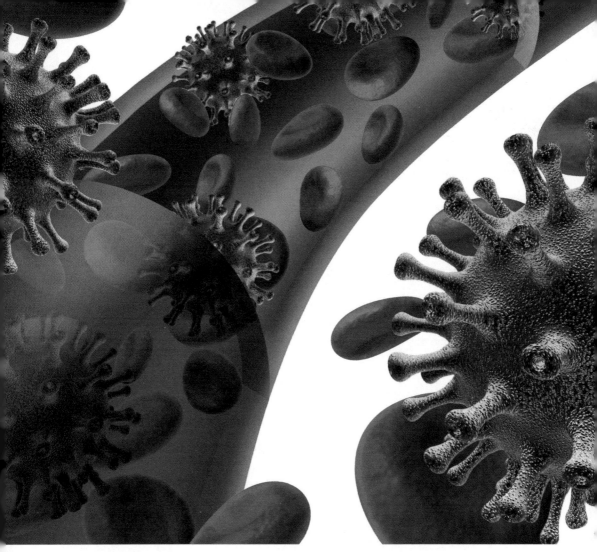

↑病原菌的入侵

菌，它们会产生一种对人类最厉害的毒素（0.1微克就足以致人死命），它并不在宿主体内繁殖，而是在罐头里腌制的鱼和肉类中繁殖并产生毒素。不过现代先进、有效的食品保藏方法使肉毒中毒症变得很少见了。

被"缉拿归案"的病原菌

微生物学在它诞生之初，引起全人类关注的焦点正在于它对于防治人类和家畜传染病有立竿见影的效果。微生物学家发现了许多严重危害人类健康和家畜繁育的病原菌，阻挡或者消灭它们就能防治疾病。由于巴斯德用不可动摇的实验证据否定了生物自然发生的可能，兼之一整套微生物学方法的建立和完善，19世纪末到20世纪初成为发现病原微生物最频繁的时代，几乎每年都有能导致严重疾病的病原菌被人类"缉拿归案"。

食用真菌——美味佳肴

食用菌是指可供食用的大型真菌，如蘑菇、香菇、草菇、平菇、木耳、灵芝、猴头菇等，它们与植物不同，没有叶绿素，不能利用光合作用形成营养物质，而是靠腐生或寄生方式生存。我国已知食用菌不少于850种，能够人工栽培的超过60种，有生产规模的有20多种。

分析等都进行了较深入的研究工作。

我国是世界上拥有食用菌品种最多的国家之一。目前已发现的食用菌约有2000多种，专家们估计自然界中食用菌的品种可能达5000种，已有记载的食用菌品种数量为980多种，其中具有药用功效的品种有500种。至今，我国已人工驯化栽培和利用菌丝体发酵培养的达百种，其中栽培生产的有60多种，形成商业生产的有30多种。

什么是食用菌

食用菌是指以蘑菇为主的食用真菌，风味独特，营养丰富，蛋白质含量较高，氨基酸多达18种，含多种维生素、糖类和矿质元素等。还有一些是具有不同药用价值的保健食品，可人工栽培，繁殖生长快，经济效益高，已受到国内外的广泛重视，近年来生产量、销售量均有大幅度提高。我国大型真菌资源丰富，几乎包括世界上已知的重要食用菌种类。我国对于野生食用菌的驯化栽培、菌丝体培养、香味物质的分离提纯、化学成分

树生真菌

树生真菌生长在树干或树桩上，个体常较大，羽状，无毒，分布广。如牛排真菌，常着生在橡树上，顶盖鲜红，肉茎紫红色，圆盖形似一条大舌头，红色菌帽含鲜红汁液，菌肉粗糙，略有苦味，幼苗味道更好。

地生真菌

地生真菌生长于地面土壤中，种类很多，有些种类的毒性非常大。挑选完全纯白色菌肉的幼菇，味道相当

↑菌类食品

鲜美，也可晾干贮存。如鸡油菌，杏黄或卵黄色，漏斗形菌株，直径3~10厘米。外展折叠的苗褶也为黄色。

蓝帽菌的帽呈淡蓝紫色，成熟时转为棕红色，具波纹状菌边。菌帽直径达10厘米。菌褶略带蓝色，菌茎为纤维状，也为淡蓝色。秋冬季常见于混合林中，味道香甜鲜美，但有些人对它会产生过敏反应。

真菌"皇后"——竹荪

竹荪颜色绚丽多彩，风味独特诱人，营养成分丰富，而且还具有较高的药用功效，因此一举成为当今时代的理想保健珍品。一直以来，竹荪都是我国传统的出口山珍，备受各国朋友的厚爱。

食物界的奇葩

竹荪因其与众不同的特殊品质，在历史上被加封了一个又一个的桂冠，可以说是食用菌之家中载誉最多的一个成员。在法国，人们赞誉它为"林中之王"；在巴西，人们根据它隽秀的身态称它为"面妙女郎"；瑞士一位几十年专门从事真菌研究的专家高尔曼则称它为"真菌之花"；我国的劳动人民称之为"林中郡主"；在俄罗斯，它有一个更美丽的名字：真菌皇后。

营养学家们研究认为，竹荪不仅是肉质滑腻爽口、味道诱人的山珍佳肴，而且是高蛋白、低脂肪的营养及保健佳品。其内含蛋白也容易被人消化吸收，又因其脂肪含量低，故特别适合中老年人或有动脉硬化、心血管疾病的人食用。竹荪优于众多食用菌的奇特之处——浓郁清香，也为广大消费者所青睐。夏季气温升高，吃不完的鱼肉和剩菜往往容易腐败长霉，但要是在烧鱼煮肉的过程中加入一片竹荪，则可起到特殊的防腐作用。我国著名的食品专家强调指出"21世纪人类营养将由动物蛋白质向植物蛋白质发展，而食用菌则是最足以与人参、鹿茸、燕窝等山珍海味相媲美"。

像工艺品一样美丽的食物

初次见到竹荪的人，会认为它是一件精细的手工工艺品。乍一看去，菌身呈两色分隔，格外分明，上面是一个黄绿色的菌盖，下面则是一片洁白的菌裙。如此一幅图画，使人即刻联想起舞台上的舞女，头上戴一顶草帽，身上穿着鱼网眼似的雪白长裙，在台上亭亭玉立的样子。而那些菌柄

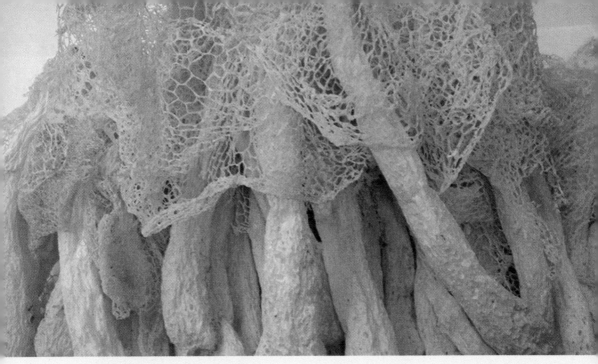

↑被称为"真菌皇后"的竹荪

弯着的，倒像是舞女做了一个微微倾身的姿势。菌裙则网眼点点，透明且有点晶莹闪亮。

"裙子"随"情绪"改变

竹荪最为有趣的是其洁白的"长裙"。在它"害羞"的时候，会把"裙子"收起来，呈收缩闭合状；而在它"高兴"时，则迅速将"裙子"放下来，下垂而且伸展开。原来，这是由于菌裙对环境的湿度特别敏感。当湿度不够时，它就迅速地"收紧束带"，以减少水分挥发；而在环境湿度大时，则又"宽衣解带"，一副全然放松的样子。也正因如此，竹荪便被人们称为"天然湿度计"。当竹荪的菌蕾刚刚破土而出的时候，样子十分可爱，呈球形或卵圆形，产区的人

们都喜称之为"竹鸡蛋"。一颗小小的竹荪"种子"，从开始生长到完全成熟，仅需要60天左右的时间。由于其生长周期短，经济价值高，因此愈来愈受到大家的喜爱。

拓展阅读

竹荪真可谓是一位"白雪公主"，其品质之娇嫩容不得半点马虎。晒干的竹荪如若在贮存时期管理不当，就会迅速变色变质，颜色由洁白变为深黄，香气也随之消失，而且还会长霉生虫，不能食用。因此，不仅在这位"真菌皇后"的生长过程中我们要精心护理，而且在贮藏时也须谨小慎微。只有这样，这位历史上的宫廷御膳、当今的国宴菜肴的"真菌皇后"才能真正奇葩独放，显示出高贵的品质。

微生物的秘密生活

乳酸菌——肠道卫士

乳酸菌广泛分布于含有碳水化合物的动植物发酵产品中，也见于温血动物的口腔、阴道和肠道内。该细菌分解糖的能力强，分解蛋白质类的能力极低。中国传统的食品，如泡菜、榨菜、腌菜和酿酒等的制作、保藏技术就是利用了乳酸菌的这一作用。

什么是乳酸菌

乳酸菌为益生菌的一种，能够将碳水化合物发酵成乳酸，因而得名。益生菌能够帮助消化，常添加在酸奶里，有助人体肠道健康，因此常被视为健康食品。

人类需要益生菌

在人体肠道内栖息着数百种细菌，其数量超过百万亿个。其中对人体健康有益的叫"益生菌"，以乳酸菌、双歧杆菌等为代表；对人体健康有害的叫"有害菌"，以大肠杆菌、产气荚膜梭状芽孢杆菌等为代表。

益生菌是一个庞大的菌群，有害菌也是一个不小的菌群。当益生菌占总数的80%以上时，人体则保持健康状态，否则就是处于亚健康或非健康

↓乳酸菌制品

↑ 显微镜下的乳酸菌

状态。科学研究结果表明，以乳酸菌为代表的益生菌是人体必不可少的且具有重要生理功能的有益菌，它们数量的多少直接影响到人的健康与否，以及人的寿命长短。

乳酸菌＝益生菌＝长寿菌

人体肠道内拥有乳酸菌的数量，会随着人的年龄增长而逐渐减少，当人到老年或生病时，乳酸菌数量可能下降100至1000倍，直到临终时完全消失。在正常情况下，健康人体内的乳酸菌比病人多50倍，长寿老人体内的乳酸菌比普通老人多60倍。因此，人体内乳酸菌数量的实际状况，已经成为检验人们是否健康长寿的重要指标。

不过现在，由于广谱和强力抗生素的广泛应用，使人体肠道内以乳酸菌为主的益生菌遭到严重破坏，人体抵抗力逐步下降，导致疾病越治越多，健康受到极大的威胁。所以，有意增加人体肠道内乳酸菌的数量就显得非常重要。目前，国际上公认的乳酸菌被认为是最安全的菌种，也是最具代表性的肠内益生菌，这也完全符合诺贝尔得奖者生物学家梅契尼柯夫"长寿学说"的结论，即乳酸菌＝益生菌＝长寿菌。

细菌"吃"细菌
——抗生素的发现

自从德国乡村医生劳伯·柯赫成为第一个猎获病菌的人以后，细菌这个名字就常常和疾病联系在一起。因为人和动植物的许多传染病都是由细菌作祟引起的，所以人们对它总有一种厌恶和恐惧的感觉。其实，危害人类的细菌只是一小部分，大多数细菌不仅能和我们和平共处，还能为人类造福。

细菌立下的汗马功劳

地球上每年都有大量动植物死亡，千万年过去了，这些动植物的遗体到哪里去了呢?这就是细菌和其他微生物的功劳。它们能把地球上一切生物的残躯"吃"个精光，同时转化成植物能够利用的养料，为促进自然界的物质循环立下了汗马功劳。许多细菌在工农业生产上也起着重要的作用。

什么是抗生素

抗生素主要是指微生物所产生的能抑制或杀死其他微生物的化学物质，如青霉素、金霉素、春雷霉素、庆大霉素等。从某些高等植物和动物组织中也可提取出抗生素。有些抗生素，如氯霉素和环丝氨酸，目前主要采用化学合成方法进行生产。改变抗生素的化学结构，可以获得性能较好的新抗生素，如半合成的新型青霉素。在医学上，广泛地应用抗生素以治疗许多微生物感染性疾病和某些癌症等；在畜牧兽医学方面，有些抗生素不仅用来防治某些传染病，还可用以促进家禽、家畜的生长；在农林业方面，有些抗生素可用以防治植物的微生物性病害；在食品工业上，有些抗生素则可用作某些食品的保存剂。

细菌的"外衣"

多数细菌是不会运动的，只是由于它们微小而且身体轻巧，所以能借助风力、水流或粘附在空气中的尘埃和飞禽走兽身上云游四方。也有一些细菌身上长有鞭毛，好像鱼的尾巴，能在水中扭来摆去。有的细菌一丝不挂；有的却穿着特别的"衣服"，这就是包围在细胞壁外面的一层松散的黏液性物质，称为荚膜。它既是细菌的养料贮存库，又可作为"盔甲"，起着保护层的作用。对病菌来说，荚膜还与致病力密切相关，比如有荚膜的肺炎球菌能使人得肺炎，一旦细菌失去了荚膜，就如同解除了武装，也就失去了致病力。

拓展阅读

当细菌遇到干燥、高温、缺氧或化学药品等恶劣环境时，它们还能使出一个绝招，就是将身体中的水分几乎全部脱去，从而使细胞凝聚成椭圆形的休眠体，这时，它就成了芽孢。芽孢在干燥条件下能存活几十年仍保有活力，一旦环境变得适宜，芽孢就会吸水膨胀，又成为一个有活力的菌体。

给细菌穿上"迷彩服"

单个细菌是无色透明的，为了便于鉴别，就需要给它们染上颜色。

1884年，丹麦科学家革兰姆创造了一种复染法，就是先用结晶紫液加碘液染色，再用酒精脱色，然后用稀复红液染色。经过这样的处理，可以把细菌分成两大类，凡能染成紫色

的，叫革兰氏阳性菌；凡被染成红色的，叫革兰氏阴性菌。这两类细菌在生活习性和细胞组成上有很大差别，医生常依据细菌的革兰氏染色来选用药物，诊治疾病。为纪念革兰姆，复染法又称革兰氏染色法。

细菌家族的成员，如果固定在一个地方生长繁殖，就能形成用肉眼看得见的小群体，叫菌落。菌落带有各种绚丽的色彩，如绿脓杆菌的菌落是绿色的，葡萄球菌的菌落是金黄色的。细菌菌落的形状、大小、厚薄和颜色等特点，是鉴别各种菌种的依据之一。

抗生素的发现

现在一说到抗生素，可能没有人不知道。比如有人得了肺炎，医生用青霉素或者其他抗生素就可以很快将其治好；如果某个地方的伤口发炎了，只要用了抗生素，伤口的愈合时间也会缩短很多。的确，人类能够战胜大多数的疾病，尤其是与具有感染作用的致病微生物作斗争，都是抗生素发挥了重要的作用。曾有人估计，抗生素的发明使全人类的平均寿命增加了10岁。

很久以前，抗生素被称为抗菌素，它不仅能杀灭细菌，并且对于霉菌、支原体、衣原体等其他致病微生物也具有很好的抑制和杀灭作用，直到最近几年才被改称为抗生素。通俗

地讲，抗生素就是用于治疗各种细菌感染或抑制致病微生物感染的药物。

那么，抗生素最初又是如何被人们发现并变成了造福人类的药品呢？

首先是青霉素的发现。1929年，英国细菌学家弗莱明在培养皿中培养细菌时，偶然间发现了从空气中落在培养基上的青霉菌长出的菌落附近没有生长细菌，他便认为是青霉菌产生某种化学物质抑制了细菌的生长。就这样，这种化学物质便被称为青霉素，这就是最早的抗生素。后来在二战期间，弗莱明和另外两位科学家经过艰苦的努力，终于提取出了青霉素并制成了抵抗细菌感染的药品。由于在战争期间，防止战伤感染的药品是非常重要且稀缺的战略物资，所以，美国把青霉素的问世放在与研制原子弹同等重要的地位上。1943年，关于青霉素的消息传到了中国，当时还在抗日后方从事科学研究工作的微生物学家朱既明，经过努力研究后也从长

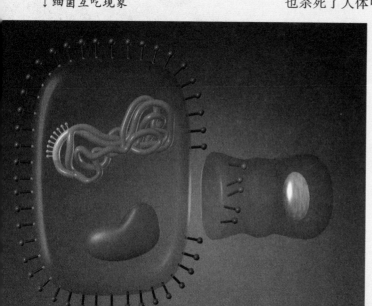

↓细菌互吃现象

霉的皮革上分离到了青霉菌，并且同样用这种青霉菌制造出了青霉素。到了1947年，美国微生物学家瓦克斯曼又在放线菌中发现并制成了治疗结核病的链霉素。

从1929年到现在，半个多世纪过去了，科学家已经发现了近万种抗生素，不过它们之中的绝大多数毒性太大，真正适合作为治疗人类或牲畜传染病的药品其实连百种都不到。再后来人们发现，并不是所有的抗生素都具有相同的抵抗功能，有的能够抑制寄生虫生长；有的能够除草；有的可以用来治疗心血管病；还有的可以抑制人体的免疫反应，这一点被广泛应用于手术中的器官移植一项。

在半个多世纪的时间里，抗生素挽救了无数病人的生命，不过抗生素的广泛使用也产生了一些严重的问题。例如有人因为长期使用链霉素而丧失了听力；有的病人因为长期使用抗生素，不仅杀死了有害细菌，而且也杀死了人体中有益的细菌，结果病人的体质和抵抗力反而越来越弱。更糟糕的是，重复使用一种抗生素可能会使致病菌产生抗药性，反而影响治疗。因此，医生在开处方时，在对是否需要使用抗生素的选择上也越来越谨慎了。

药"高"一尺还是菌"高"一丈

科学家研究发现，一种耐抗生素细菌可通过改变基因构成的方式躲避多种抗生素作用，并首次详细描述了该机制的作用过程。该研究被认为是药物研发的关键步骤，有助于开发出能对付"超级细菌"的新药。

抗生素是怎样杀毒的

在过去的几十年里，已经有近200种抗生素先后诞生，所有抗菌药对细菌都有明确的对付方式。而抗生素的发明和大量制造使它成为人类抵御细菌感染类疾病的主要武器。一时间许多曾经导致人们死亡的疾病变得不再可怕。

如青霉素就是通过抑制细菌细胞壁的合成而起到杀菌的效果；而其他一些抗生素则是通过抑制细菌蛋白质的合成、核酸的复制以及干扰细菌代谢途径等方式杀灭细菌的。

学会伪装的细菌

抗生素有针对性的攻击，也给了细菌生存的机遇。有些细菌学会了改变自己，让抗生素认为自己不是它要消灭的敌人，从而逃过一劫。一些细

↓显微镜下无处遁形的细菌

菌经过长期的繁衍和进化，对某些外界的不良环境具有天然的抗性，而它们中的耐药基因恰恰可以抵御某些抗生素的抑制作用。某些细菌具有非渗透性的细胞膜，或者缺乏某些抗生素的作用位点，因而对抗生素具备固有的抵抗性。

"超级细菌"就是利用其基因对抗生素的降解作用而形成了超强耐药性，从而使绝大部分抗菌药失效。

医院居然是"超级细菌"的集中营

研究发现，在医院内感染金黄色

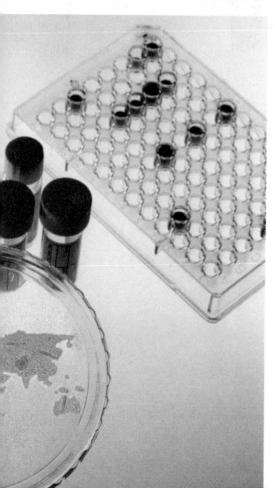

葡萄球菌的几率是在院外感染的170万倍。医院为何是炼就"超级细菌"的熔炉？原因是，被病菌感染的病人到医院了，医生用抗生素给他们治病，病人的内环境对细菌来说，立刻恶劣起来。

各种各样的病人汇集到医院，总有人携带着对某种抗生素有抗药性的细菌，病人间可能交叉感染，为细菌"邻里互助"，而到医院的病人机体抵抗力本来就弱，于是，抗药菌不断地升级换代，一个个"超级细菌"就诞生了。

拓展阅读

科学家研究了丹麦的95名个体和美国的154名个体。他们发现，根据肠道中大量出现的细菌种类，可分成三类，也就是说，每个人都属于这三种肠道类型中的一种。科学家们尚不清楚为什么不同人会有不同的肠道类型，他们推测，这种差异可能在于人的免疫系统如何区分好细菌和坏细菌，或者与细胞释放废物的不同方式有关。

如同血型一样，这些肠道类型与年龄、性别、种族和身体质量指数无关。但是他们也发现，老年人的肠道似乎有着更多分解碳水化合物的微生物基因，这可能是因为随着我们的年龄越来越大，我们处理营养物质可能没那么高效，因此，为了生存，细菌必须承担起这项任务。

神奇的世界

第四章

微生物让生活更美好

自古以来，人类在日常生活和生产实践中，就已经觉察到微生物的生命活动及其所发生的作用。虽然有很多疾病是由细菌引起的，如伤寒杆菌、结核杆菌、破伤风杆菌、肺炎双球菌等致病菌对人类有害，但大多数细菌还是和人类和平共处，甚至有许多细菌对人类不仅无害，而且有益，能给人类带来很大好处。例如：人们利用谷氨酸棒杆菌制造食用味精，用乳酸菌生产酸乳，用苏云金杆菌生产杀虫剂，利用产甲烷菌生产沼气，以及借助细菌来冶炼金属、净化污水、制作使庄稼增产的细菌肥料等。

微生物对人类生活有哪些影响

　　微生物产品在人类的日常生活中随处可见，酒、酸奶、酱油、醋、味精等食品，以及抗生素药、激素、疫苗等药品都是利用微生物发酵制成的。

微生物与人体

　　微生物与人类关系密切，不过这些形形色色的微生物对我们人类的生活和健康究竟会产生怎样的影响呢？大量事实证明，这些微生物既能造福于人类，也能给人类带来毁灭性的灾难。

　　人体的消化道里就"住着"大肠杆菌，它是来帮助我们消化的。而我们平时吃的美味爽口的菇类，就属于真菌类。其实有很多微生物的代谢产物也可以提供给人类作为治疗药物，如青霉素、红霉素等都是它们的产物。

　　可见，在生物进化的过程中，微生物与人体保持着一种生态平衡。有些微生物已经与人体形成一种相互依赖、互惠互利的生态平衡状态。这称

↓微生物的代谢产物可以作为人类的治疗药物

作正常菌群，它对宿主有益无害。人一生下来就与周围富含微生物的自然环境密切接触，因而人体的体表皮肤与口腔、上呼吸道、肠道、泌尿生殖道等黏膜以及腔道寄居着不同种类和数量的微生物。它们有营养作用、免疫作用、生物拮抗作用、抗衰老作用以及其他的作用。

微生物给我们生活带来这么多好

处，而且随着科学技术的日益发展，微生物的应用也越来越广泛，在生物制药、能源、环保、食品、工业等方面，微生物都扮演着重要的角色。

❖ 各司其职的微生物

地球上每时每刻都有数不尽的有机体死亡，其中只有不到10%的落叶及1%以下的尸体被动物吃掉，剩余部

↓微生物正扮演着越来越重要的角色

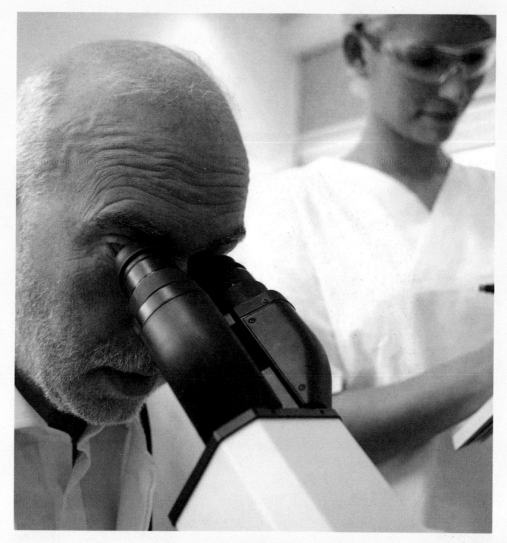

分就成为真菌或细菌的食物。如果没有这些真菌和细菌，特别是人们常说的腐生细菌，那么这些不能消化的物质就会不断堆积，长此以往，地球就会被动植物的尸体垃圾占据。到了那个时候，人类和其他生物又到哪里去生存呢？

在工业上，利用微生物提高采油技术，可以大大降低原油的黏度，增加原油的流动性，从而大大提高原油的采收率。一些国家还将光合菌、乳酸菌、酵母菌等功能各异的80多种微生物组成一种活菌制剂，这种活菌制剂在一个统一体中互相促进，共同构

成了一个复杂而稳定的具有多元功能的微生态系统，可抑制有害微生物。尤其是病原菌和腐败细菌的活动，为动植物生长提供了有力的保障。

拓展阅读

微生物给人类生活带来了巨大的利益，大量事实证明，这些利益正发挥着重大作用，而且具有广阔的前景。随着社会的发展，微生物对人类的贡献将会越来越大。我们要做的就是合理地利用这些微生物，让它们各司其职，发挥更大的作用，与人类共同维护生态平衡。

↓实验室正在进行微生物实验

微生物油脂
——食用油脂新资源

　　微生物油脂又被称为单细胞油脂，这是由酵母、霉菌、细菌和藻类等微生物在一定条件下利用碳水化合物、碳氢化合物和普通油脂为碳源、氮源，辅以无机盐生产的油脂。而在适宜条件下，当某些微生物产生并储存的油脂在其生物体内达到总量的20%以上，就可以称之为产油微生物。

什么是微生物油脂

　　微生物油脂是继植物油脂、动物油脂之后人类开发出的又一种食用油脂新资源。能够生产油脂的微生物有酵母、霉菌、细菌和藻类等，其中真核的酵母、霉菌和藻类能合成与植物油组成相似的甘油三酯，而原核的细菌则合成特殊的脂类。不过，人们的研究主要集中在藻类、细菌和真菌上，因为细菌的油脂产量太低。

　　微生物油脂研究始于第一次世界大战期间，德国为了解决当时的油源匮乏而利用产脂内孢霉生产油脂。此后，美国也开始着手微生物油脂的生产，但没有实现工业化。第二次世界大战前夕，德国科学家筛选到了适于深层培养的菌株，开始在德国工业化生产微生物食用油脂。在二战之后的几十年里，由于科学技术的不断进步，科学家们对产油脂的微生物菌株进行反复的改造和筛选，终于获得了一大批油脂含量高、生产周期短、不受季节影响、产油脂率高、遗传性状稳定、成本较低、易于工业化生产的微生物油脂。

动植物油脂缺陷浮出

　　在贫穷饥饿时期，人们以粗食充饥，由于得不到足够的营养素，机体对病原微生物的抵抗力下降，以致许多传染病大范围流行，如常见的结核病。随着人类物质文明的发达，人类每天的食谱也在逐步发生改变，疾病也随之开始发生了改变。大量食用动植物油脂，使人体对病原微生物的抵抗力大大增强，如结核病等传染病

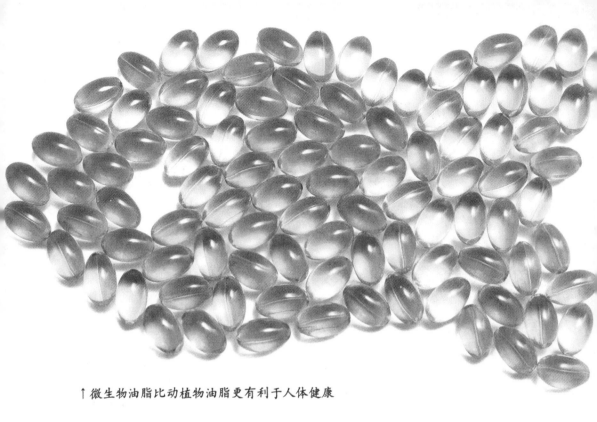

↑微生物油脂比动植物油脂更有利于人体健康

的发病率逐步下降，但随之而来的是由于食物品种单调造成的人体营养不良，或者是因为膳食结构不平衡以及营养过剩，造成了所谓的"富贵病"，如心、脑血管疾病等。这一切的最主要原因还是由于我们膳食中的饱和脂肪酸不足。而科学家指出，微生物油脂中含有丰富的PUFAs，也就是多烯脂肪酸——人体必备脂肪酸。它可以弥补因食用动植物油脂造成的不饱和脂肪酸缺乏问题。

为什么微生物油脂比动物油脂更好

大多数微生物油脂都富含PUFAs，这是动植物油脂无法比拟的。因此，微生物油脂的研究、开发

和应用日益受到重视的原因不仅仅是它作为动植物油脂的一个补充，更重要的是它富含不饱和脂肪酸，且后者在促进人类健康方面起着越来越重要的作用。

大量的研究结果表明，一旦人体缺乏PUFAs，将产生某些疾病，也可以说人体的某些疾病会伴随着PUFAs的含量多少而改变。如在治疗新生儿湿疹中，给患处涂抹小麻油或红花油（含亚油酸），就能很快抑制住湿疹病情；当婴幼儿严重缺乏DHA和AA时，可造成永久性智力低下和视力障碍；6～12岁儿童出现皮肤瘙痒、眼角干燥、上课注意力不集中，与其血浆内DHA含量低下有明显的正相关。精神分裂症患者体内PUFAs含量较正常人低许多；高血压、高脂血症、高胆

固醇血症患者体内PUFAs含量较正常人低。食用适量富含PUFAs的微生物油脂，可明显降低高脂、高胆固醇血症患者血浆内的脂质和胆固醇水平，同时提高血浆内载脂蛋白和高密度脂蛋白水平。

那么，与动植物油脂的生产相比，微生物油脂还具有哪些优点呢？

首先，微生物的适应性强，繁殖速度快，生产周期短。

其次，微生物生长所需的原料丰富多样，特别是可以利用农副产品、食品工业及造纸生产中产生的废弃物，同时还起到了保护环境的作用。

第三，微生物生产油脂可节约劳动力，同时不受场地、气候、季节的影响，一年四季可连续生产。

第四，利用不同的菌株和培养基产品的构成变化较大的特点，尤其适合于开发一些功能性油脂。如富亚油酸、亚麻酸、EPA、DHA、角鲨烯、二元羧酸等油脂以及代可可脂。

拓展阅读

产油微生物除可代替动植物油脂生产食用油脂，特别是保健类功能性油脂外，还可以作为生产生物柴油的油源。生物柴油由各种动植物油脂经酯化或转酯化工艺而得，而大部分微生物油的脂肪酸组成和一般植物油相近，因此微生物油脂可替代植物油脂生产生物柴油。

↓用微生物油脂做出来的饭菜更健康

制醋高手——醋酸梭菌

醋是家家必备的一种调味品。烧鱼时放一点醋，可以除去腥味；有些菜加醋后，风味更加好，还能增进食欲，促进消化。

醋酸梭菌引发的争论

1856年，在法国立耳城的制酒作坊里，发生了淡酒在空气中自然变酸这一怪现象，由此引发了一场历史性的大争论。当时，有的科学家认为，这是由于酒吸收了空气中的氧气而引起的化学变化。而法国微生物学家、化学家巴斯德，令人信服地证明了酒变化成醋是由于制醋巧手——醋酸梭菌的缘故。

原来，制醋分为几个过程。首先是由曲霉将大米、小米或高粱等淀粉类原料变成葡萄糖；下一步就要靠醋酸梭菌来完成了。醋酸梭菌是一种好气性细菌，它们可以从空气中落到低浓度的酒桶里，在空气流通和保持一定温度的条件下，迅速生长繁殖，进行好气呼吸，使酒精氧化。这样，它们就能一边"喝酒"，一边把酒精变成了味香色美的酸醋了。

醋酸梭菌的功劳

醋酸梭菌对酒精的氧化只能使其生成有机酸。人们利用这个特点，用来生产醋酸，并广泛用于丙酸、丁酸和葡萄糖酸的生产。醋酸梭菌还能将山梨中含有的山梨醇转化成山梨糖，这是自然界少有的，却是合成维生素C的主要原料。另外，醋酸梭菌还可以用于生产淀粉酶和果胶酶。

好氧性的醋酸梭菌是制醋工业的基础。制醋原料或酒精接种醋酸细菌后，即可发酵生成醋酸发酵液，可供食用，醋酸发酵液还可以经提纯制成一种重要的化工原料——冰醋酸。厌氧性的醋酸发酵是我国用于酿造糖醋的主要途径。

拓展阅读

　　我们认识了制醋高手，再来看看另一些爱"吃"蜡的食客。这些食客寄宿在石油化工公司的炼油厂中，它们就是被称为"石油酵母"的解脂假丝酵母和热带假丝酵母。石油酵母炼油厂为什么

↓醋酸梭菌能有效提升食物口感

要供养这批食客呢？原来，石油产品的质量与其中蜡的含量有很大关系。如果飞机使用含蜡量高的汽油，那么高空的低温会使蜡凝固起来，堵塞机内各条输油管，使飞机发生事故。因此，石油产品需要经过脱蜡处理。

甲烷菌——水底气源

在泥泞的沼泽或水草茂密的池塘里，生活着无数专爱"吹"气泡的小生命，名叫甲烷菌。甲烷菌是地球上最古老的生命体。在地球诞生初期，死寂而缺氧的环境造就了首批性情随和的"生灵"，它们具有生命实体——细胞，但不需要氧气便能呼吸，仅靠现成简单的碳酸盐、甲酸盐等物质维持生计，并开始自然繁殖。这就是生物的鼻祖——甲烷菌。时至今日，地球几经沧桑，甲烷菌却仍保持着厌氧本色。

甲烷菌的生长过程

甲烷细菌都是专性严格厌氧菌，对氧非常敏感，遇氧后会立即受到抑制，不能生长繁殖，甚至还会死亡。

甲烷细菌的生长也很缓慢，在人工培养条件下需经过十几天甚至几十天才能长出菌落，有的甲烷细菌需要培养七八十天才能长出菌落；在自然条件下甲烷菌长出菌落所需的时间更长。甲烷细菌生长缓慢的原因，是它可利用的物资很少，只能利用很简单的物质，如二氧化碳、氢气、甲酸、乙酸等。这些简单物质必须由其他发酵性细菌把复杂有机物分解后，才能提供给甲烷细菌，所以甲烷细菌一定要等到其他细菌都大量生长后才能生长。

甲烷菌的生存环境

甲烷细菌在自然界中分布极为广泛，在与氧气隔绝的环境中都有甲烷细菌生长，海底沉积物、河湖淤泥、沼泽地、水稻田以及人和动物的肠道、反刍动物瘤胃，甚至在植物体内都有甲烷细菌存在。

甲烷菌不能在有氧气处生存，因此它们只能生存在完全缺氧气的环境中，比如湿地土壤、动物消化道和水底沉积物等。甲烷作用也可发生在氧气和腐烂有机物都不存在的地方，如地面下深处、深海热水口和油库等。

微生物的秘密生活

甲烷菌吃什么

甲烷菌的食料非常广泛，几乎所有的有机物都可以用作沼气发酵的原料。在沼气池里，甲烷菌可以源源不断地产生沼气。一个年产两万吨酒精的工厂，如果用全部的酒精废液生产沼气，每年可得沼气1100万立方米，相当于9000吨煤。而且，被甲烷菌"吞嚼"过的残渣还是庄稼的上等肥料，肥效比一般农家肥还高。

现代甲烷菌的"食物"来源更加广泛，杂草、树叶、秸秆，食堂里的残羹剩饭、动物粪尿，乃至垃圾等都是甲烷菌的美味佳肴。沼泽和水草茂密的池塘底部极为缺氧，甲烷菌躲在这里"饱餐"一顿之后，便可舒心地呼出一口气来，这便是沼气泡。沼气泡中充满沼气，而沼气的主要成分是甲烷，另外还有氢气、一氧化碳、二氧化碳等。沼气是廉价的能源，用于点灯、做饭，既清洁又方便，还可以代替汽油、柴油，是一种理想的气体燃料。

↓借助甲烷菌在沼气池里源源不断地产生沼气

苏云金杆菌
——灭虫勇士

在微生物王国中，有一大批灭虫勇士。千百年来，它们悄悄地帮助人类杀灭害虫，保护庄稼。然而，它们的功绩直到近百年才被人们发现。它就是苏云金杆菌，这种菌长得像棍棒，矮矮胖胖，身高不到5毫米。当它长到一定阶段时，身体一端会形成一个卵圆形的芽孢，用来繁殖后代；另一端则产生一个菱形或近似正方形的结晶体，因为它与芽孢相伴而生，我们叫它伴孢晶体，有很强的毒性。

面粉厂里的发现

1911年，德国人贝尔奈在苏云金这个地方的一家面粉厂里，发现有一种寄生在昆虫体内的细菌，有很强的杀虫力。于是，人们称这种细菌为苏云金杆菌。

让害虫一命呜呼的苏云金杆菌

当害虫咬嚼庄稼时，会同时把苏云金杆菌吃进肚去，这就像孙悟空钻进铁扇公主的肚子里一样，在害虫的肚子里大显威风。苏云金杆菌的伴孢晶体含有的内毒素可以破坏害虫的消化道，引起食欲减退、行动迟缓、呕吐、腹泻等情况。而芽孢能通过破损的消化道进入血液，在血液中大量繁殖而造成败血症，最终使害虫一命呜呼。

↓苏云金杆菌

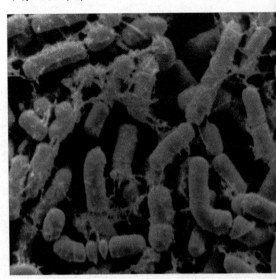

灭虫勇士的光明前途

　　苏云金杆菌的发现，为人们利用微生物消灭植物病虫害提供了很好的前景。现在，人们已经用发酵罐大规模地生产苏云金杆菌，经过过滤、干燥等过程制成粉剂或可湿性粉剂、液剂，喷洒到庄稼上，对棉铃虫、菜青虫、毒蛾、松毛虫以及玉米螟、高粱螟等100多种害虫有不同的致病和毒杀作用。

↓这些被卡通化了的担当"灭虫勇士"的细菌们

拓展阅读

　　1992年，"世界环境与发展大会"明确指出：到2000年要在全球范围内控制化学农药的销售和使用，生物农药的用量达到60%。美国、英国、日本、巴西等国家已下令取缔有残留的化学农药，要求生物农药占农药总量的60%以上。我国农业部计划到2005年和2015年，生物农药发展到分别占农药总量的30%和50%。我国农药耗用量每年达150万吨以上。按此比例，年需生物农药量至少在60万吨以上。可见，发展微生物杀虫剂在我国具有巨大的潜在市场。

燃料乙醇——绿色能源

　　燃料乙醇是一种可再生能源，可在专用的乙醇发动机中使用，又可按一定的比例与汽油混合，在不对原汽油发动机做任何改动的前提下直接使用。使用含醇汽油可减少汽油消耗量，增加燃料的含氧量，使燃烧更充分，降低燃烧中的一氧化碳等污染物的排放。在美国和巴西等国家，燃料乙醇已得到初步的普及，在中国也开始有计划地发展。

◆◆ 微生物与制作乙醇燃料 ▶

　　科学家经过研究发现了一种新的微生物，名叫蓝细菌。它可以将纤维素转换为乙醇和其他的生物燃料。科学家称，如果该微生物的生产量可以按比率扩大，那么就将给国家运输燃料的生产带来重大的发展契机。

　　研究微生物学和细胞生物学的科学家们则认为这种蓝细菌是一种十分廉价的资源，只要将其纤维素分解为糖，就可以用来生产乙醇和其他生物

燃料。并且这种蓝细菌还可以在咸水中生长，不会占用耕地。而关于蓝细菌，还有一些其他方面的观点如下：

　　1.蓝细菌能利用光能生产出糖和纤维素。

　　2.葡萄糖、纤维素和蔗糖会不断地产出，但绝不会伤害或破坏蓝细菌的生长。

　　3.蓝细菌可以利用大气中的氮作为养料，而不再需要其他肥料就能生长旺盛。

　　科学界一直认为使用蓝细菌作为乙醇和其他生物燃料的最大好处在于不用通过占用大量耕地，就能制取生物燃料，同时也降低了对森林的压力。

　　蓝细菌是如何进行生物转化的呢？首先用同样的发酵方式生产燃料乙醇的方法，将蓝细菌和多种常用微生物菌种进行优化组合后培养一段时间，然后制成纤维素发酵促进剂，利用该促进剂对农作物秸秆进行糖化发酵，进而将秸秆中的纤维素转化为糖，再通过发酵，最后产生燃料乙醇。

利用蓝细菌的最大好处在于不需要通过高温爆破和酶制剂，就能大幅度地节约能源，降低成本，提高秸秆利用效率。相信利用现有的粮食生产酒精的工艺，一定能实现以秸秆纤维素替代部分或全部粮食的目的，其作用对生物能源和饲料产业发展具有促进作用。

新的再生能源

乙醇作为可再生能源，可用于生产生物燃料乙醇的主要原料来源或者同汽油混合使用，减少对不可再生能源石油的依赖。

如果作为汽油添加剂，可提高汽油的辛烷值。通常，车用汽油的辛烷值一般要求为93或97，乙醇的辛烷值可达到111，所以向汽油中加入燃料乙醇可大大提高汽油的辛烷值，且乙醇对辛烷值调和效应好于烯烃类汽油成分和芳烃类汽油成分，添加乙醇还可以较为有效地提高汽油的抗爆性。

燃料乙醇不是"油"

乙醇具有许多优良的物理和化学特性。燃料乙醇是优良的油品质量改良剂，或者说是增氧剂。当它按一定比例加入汽油中，并不是简单作为替代油品使用的。把乙醇作为"油"的概念，可就大大降低了燃料乙醇的功能和价值。乙醇汽油可以改善尾气

污染和动力。其原理是乙醇里所含的内氧，部分地补充了汽油在油缸内燃烧，而外界供氧不足的问题，又较好地解决了汽油的高辛烷值成分问题，使乙醇的物理化学特性得以充分地发挥。只要知道了这些，就不难给燃料乙醇定位了。

拓展阅读

直接利用酒精作为汽车燃料这一点，巴西走在最前面。早在1989年，巴西以甘蔗、糖蜜、木薯、玉米为原料开发发酵酒精，几乎全部用来代替汽油。从那时起，巴西已不再进口原油，少量国产原油还可出口，率先实现了汽车燃料的酒精化。目前，巴西是世界上最大的燃料乙醇生产和消费国，也是唯一不使用纯汽油作为汽车燃料的国家。

↓燃料乙醇，为人类创造美好环境

干扰素——病毒的克星

1957年，英国病毒生物学家埃里克和瑞士研究人员简在利用鸡胚绒毛尿囊膜研究流感干扰现象时了解到，病毒感染的细胞能产生一种因子，这种因子能作用于其他细胞，干扰病毒的复制，所以将其称为干扰素。

奇妙的干扰现象

干扰素最开始还只是治愈流感、肝炎、水痘之类的小毛病，但后来被大量用来对付肿瘤、癌症还有白血病。不但如此，越来越现代的生产方式，使得基因工程干扰素已上市了。

说到干扰素的发现，还要追溯到80多年前。1935年，美国科学家用黄热病毒在猴子身上做试验。黄热病是一种由病毒引起的恶性病。他们先用一种致病性弱的病毒感染猴子，猴子安然无恙。当他们又用致病性很强的黄热病毒感染同一只猴子，猴子竟然也没有反

应。这一现象使科学家得到启发：前一种病毒可能产生了某种物质，使细胞在受到新病毒的进攻时能自我防御。1937年，有人重复类似的实验，证实给经过裂谷热病毒感染的猴子注射黄热病毒，猴子会平安无事。反复的实验证据让科学家们意识到，生物界的病毒也存在着奇妙的互相干扰现象。

贵如黄金的干扰素

干扰素是在人们研制病毒的"干扰现象"时发现的，它是细胞在病毒侵入生物体后产生的自卫卫士，虽然不能帮助被侵染的细胞杀死对方，但它可以在入侵者的周围筑起"钢铁长城"，保卫其他未被侵染的细胞，防止入侵者无止境地蔓延，这样就抑制了病情的发展。干扰素是英国科学家首先从人体细胞中提取出来的，是一种能够调节细胞功能的重要蛋白质。天然的干扰素很难分离，含量极少，浓度不到1％，而且人体的干扰素必须从人体细胞中获得，不能与其他动物的干扰素通用，这样更加限制了干

扰素的来源，根本无法大量应用于临床，导致其价格比黄金还要贵。

万能的干扰素

干扰素是病毒的克星，被公认为是自抗生素诞生以来，一种最具有巨大效力的新药。它对治疗癌症、流感、肝炎等病毒性疾病都有效，而这些病症都是尚未有决定性根治手段的疑难病症。如当癌症患者的癌细胞形成后，会以惊人的速度繁殖。但给患者注射干扰素后，癌细胞的增殖速度会大大减慢，有时癌细胞甚至会消失。现在已经证明：干扰素对骨肉瘤、多发性骨髓病、黑色素瘤、皮肤病以及淋巴癌都有治疗效果。总之，任何病毒引起的疾病，它都可以预防和治疗。

蛋白酶与干扰素

蛋白质是干扰素的本质，能不能把制造成这种蛋白质的遗传基因找出来，转入大肠杆菌体内，让它们代劳以进行大量生产呢？经过科学家的试验，干扰素的批量生产成为了可能。科学家利用DNA重组技术构建了生产干扰素的基因工程。

如今，运用基因工程技术的国家有美国、日本、法国、比利时、德国、英国以及中国等。通过DNA重组、大肠杆菌发酵等方法，大量获取各种干扰素，并且经过试验表明，这样制得的干扰素对乙型肝炎、狂犬病、呼吸道发炎、脑炎等多种传染病都有一定的疗效。

拓展阅读

干扰素成为猖狂进攻的病毒的死敌。但目前干扰素还有许多缺点，需要进一步研究、改造，并提高其活性和扩大应用范围。终有一天，干扰素会成为一种威力无比的药物，成为各种危害人体健康的病毒们的最大克星。

↓干扰素可在一定程度上抵御病毒（实验室的病毒实验）

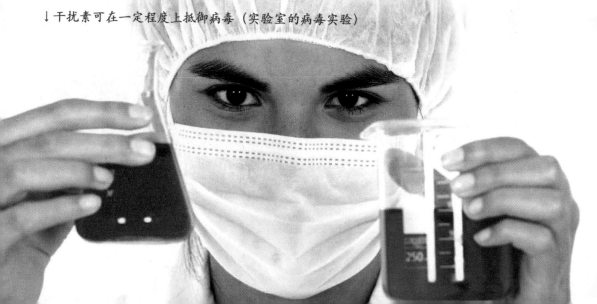

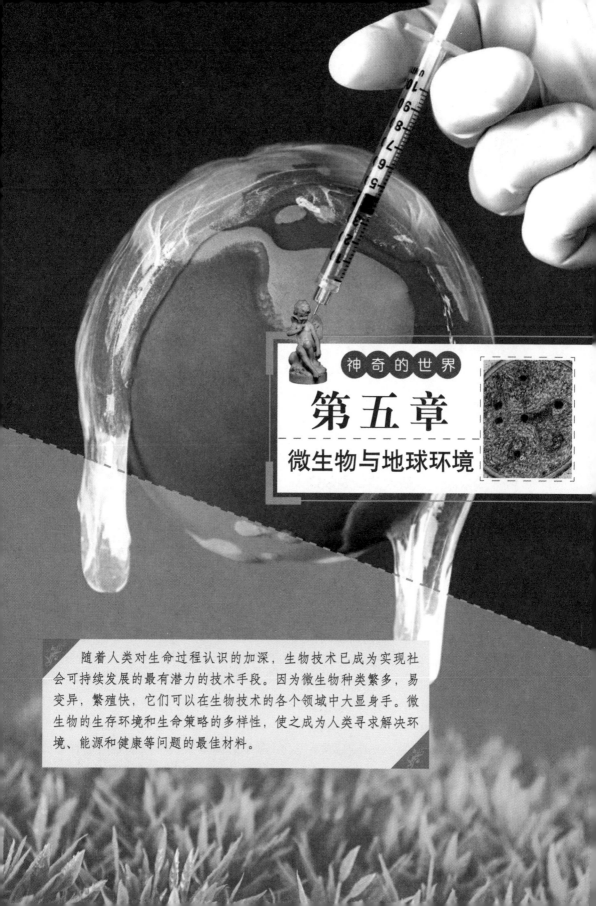

神奇的世界

第五章

微生物与地球环境

随着人类对生命过程认识的加深，生物技术已成为实现社会可持续发展的最有潜力的技术手段。因为微生物种类繁多，易变异，繁殖快，它们可以在生物技术的各个领域中大显身手。微生物的生存环境和生命策略的多样性，使之成为人类寻求解决环境、能源和健康等问题的最佳材料。

一起"品尝"微生物

由于人口的剧增、产业化的高度发展，由此而带来的粮食危机、环境恶化、水资源的缺乏等一系列问题困扰着人类，如何才能解决这些危机已摆到人们的议事日程上来。微生物作为地球上最大的生物资源，开发前景很大，一旦微生物得到合理的开发应用，这项技术将最终帮助人类渡过难关。

如果地球无法供给

现在，全球人口已超过60亿。地球将如何养活这日益增长的人口？粮食问题是首先摆到人们面前的大问题。传统的农业将无法回答这个问题，不管人们如何改良品种，如何想办法提高作物单产。因为作物依靠的是光合作用、固定光能，而这最终是有极限的。但是，事实上地球可供利用的资源却是很大的。放眼望去，满山遍野杂草丛生，木林芊芊，这些植物每年自生自灭。

自然界暗藏的资源

自然界存在许多的微生物，它们可以分解纤维素、木质素等，分解的中间产物是糖类、醇及有机酸等，这些可以被人所利用。如果我们分离到这类微生物，加以控制，就可以让草、木头转化成为葡萄糖或者蛋白质，从而为我们提供食物来源。而植物资源是可以再生的，只要我们利用得当，便不会枯竭。

微生物——人类未来的好食源

微生物本身也是人类未来的一种好食源。单细胞蛋白不仅有我们人体所必需的各种成分，而且可供培养单细胞蛋白的条件很充分，广阔的海洋可以供自养的蓝细菌生长；工厂的有机废料、废水，生活的垃圾、污水可供培养许多微生物。这些微生物只要品种选择得当，不仅不会产生有毒的物质，反而可以为我们提供佳肴。

由于微生物惊人的繁殖速度，它们在很短的时间就可以产生极大量的

食物，所以预计未来的人们将不再过分依赖传统的农业生产。

用微生物产油

随着世界人口的急剧增长，油脂产量供不应求。为了解决油脂的供求矛盾，科学家从微生物身上寻找到了方法，现在已初见端倪。

一位学者在加拿大多伦多大学举办的生物能量转化会上宣布，他从天然气井周围的土壤中，分离出一种能利用阳光和二氧化碳合成油脂的节杆菌。经人工培养出来的大量菌体的细胞中充满了油脂，含量高达85%以上。如果培养1吨菌体，就可收获850公斤的食油。经过化验，这种食油是单甘油酯和三甘油酯的不饱和脂肪酸，质量远胜猪油，味道可与花生油相媲美，证实是一种优质且可供食用的油脂。利用阳光、二氧化碳和糖类，就可以大量培养这种节杆菌，不需占用土地，也不需大量劳动力。工厂

化生产只用几天时间，就可以收获一批油脂，它不仅产量大，而且价廉物美，有着诱人的前景。

用微生物生产高质量油脂，是生物工程的一大成就。赫尔大学的一位生物学家也宣称，他找到了一种产油脂极高的"假丝酵母"。找到了能生产油脂的微生物，就可以通过基因工程，把能生产油脂的基因"嫁接"到其他微生物身上。这样，能生产油脂的微生物品种就会愈来愈多。到那时，到处都是微生物油脂工厂，人类就不愁油脂短缺了。

↓科学家利用微生物技术萃取出油脂

微生物的利用与开发

　　微生物和动物、植物一样，是自然界三大物种之一。只是因为微生物个体过于微小，不像一般动物和植物那样易让人们感知它的存在和功能，这不仅影响了人们对微生物的正确认识，而且阻碍了对微生物技术开发的支持和投入。随着社会的发展和科学的进步，微生物在工业、农业、医药、食品、能源等领域中所发挥的作用愈来愈受到关注。尤其是循环经济的建设，将离不开微生物的参与及其应用技术的发展和创新。

◆ 微生物的出现与研究

　　微生物在自然界中的出现，早于动物和植物。但是人们对微生物的发现和研究，则始于显微镜被发明的1676年。300多年来，已发现和定名的微生物有10万种之多。迄今为止，人们不仅认识了引发各种疾病的微生物，掌握了抑制其传播疾病的各种技术，而且开发了大量微生物的机能，并在工农业生产

和科学研究中进行广泛应用。影响极为深远的基因技术，也是由微生物学工作者在1973年发明之后，才得以在动植物领域推广。

◆ 微生物的应用

　　微生物在工农业生产中的应用，涵盖了医药制造、食品加工、化工生产、冶金采油、污水处理、创新能源等多个领域。特别值得重视的是，微生物在物质循环中的巨大作用，可以说自然界所有的物质循环都是靠微生物的作用来实现的，如果不是微生物的存在，自然界生物体的遗骸早已堆积如山。由微生物降解有机物向自然界提供的碳元素每年高达950亿吨。正是因为有微生物的存在，地球上的各

↓微生物保健品的开发与利用

种生物材料和元素才得以周而复始。

微生物不仅有适应各种环境和条件的特殊功能，而且有利用各种原料、制作各种产品的独特作用。一些极端微生物可以生活于高寒、高温、高压、高酸、高碱等多种其他生物难以承受的环境中。因此，微生物有着广阔的应用前景。

◆◆ 如何将生物转化为能源

目前，人类已知的细菌不足6000种，真菌不足80000种，人类所了解的数目约占总数的5%，仅有约1%的数量保存于世界各地菌种中心，并被开发利用。

大量的微生物种类只能在自然界中生存活动，而无法在实验室里分离、培养和研究。微生物代谢可塑性强，其次级代谢产物的化学结构和生物活性的多样性难以估计，是一般合成化合物和组合化学产物所不能比拟的，几乎所有种类的药物筛选模型都能从微生物中筛选到活性物质。微生物适应环境的广泛性和生命策略的多样性，为人类社会的可持续发展和科学进步提供了良好模式，也为人类社会发展和文明进步提供了无穷的物质源泉。

↓微生物的试验开发

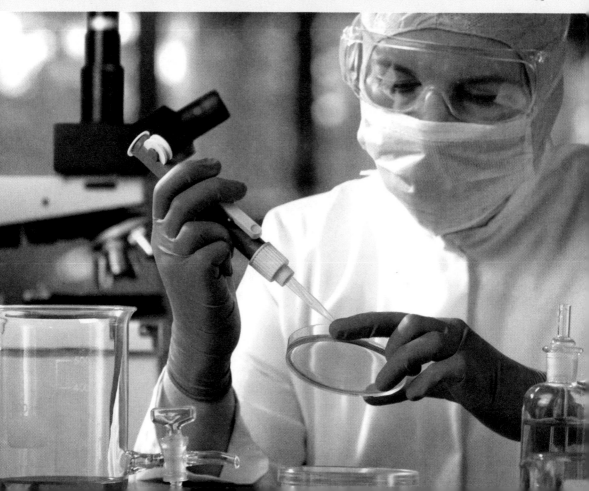

细菌的贡献
——基因工程菌

20世纪80年代初，美国最高法院接到了一份不同寻常的诉讼状，其内容令法官们颇感棘手。

为"基因工程菌"打官司

在这场官司里，原告美国通用电力公司是一家著名的企业，被告专利局则是政府机构。诉讼的缘由是：通用电力公司用基因工程研制出一种细菌，这种细菌胃口奇大，能快速清除海面的石油污染，有较高的利用价值。通用电力公司为这种细菌向专利局申请专利。专利局认为这种细菌只是一种生物，没什么专利可言，而且也从来没有这方面的先例。通用电力公司则据理力争，说这种细菌是经过DNA重组后培养出来的基因工程菌，是一种彻头彻尾的新菌种，其商品价值应该获得专利保护，不容许别家企业随意使用。双方各执一词，相持不

下，最终官司打到了最高法院。

最有深远意义的官司

这场官司持续了一年之久，最后以有利于原告的裁决告终。社会各界人士对这场官司的关注不在于谁家胜诉，因为官司本身的内容是意义深远的。它使人们确确实实地感受到，基因工程菌在各个生产领域都有用武之地，几乎无所不能。基因工程将对传统的生产方式、工艺流程和思想观念发起铺天盖地的冲击。

喜欢"吃蜡"的基因工程菌

拿石油开采来说，以前油井开采到一定程度就要报废，成为废井，废井里倒不是没有原油，而是剩下的原油含蜡比较多，很黏稠，不容易开采。针对这种情况，美国科学家研制出一种喜欢"吃"蜡的基因工程菌。把这种工程菌投放到废井里，它们就像"老鼠跳进米缸"一样，欢天喜

微生物的秘密生活

地，一边大量吃蜡，把蜡分解掉；一边高速繁殖后代，前仆后继地完成吃蜡的任务。要不了多长时间，剩下的原油就变稀了，也容易开采了。这样，"废井"获得了新生，又会奉献出一批原油。这种基因工程菌不仅研制成功了，而且已经大量投入生产，每年都能创造出可观的经济效益。

◆◆ 培养喜欢"吃"金属的细菌

在冶炼工业方面，基因工程菌的表现令人欢欣鼓舞。大自然中存在着一些喜欢"吃"金属的细菌。例如，一种氧化亚铁硫杆菌就特别喜欢吃硫化物矿石，这些矿石的主要成分是硫和金属（包括铁、铜、锌等）的化合物。这种细菌把矿石小颗粒吃下肚以后会进行分解，硫被排出体外，金属则留在体内。

因此，人工进行细菌冶炼就是十分简单的事。把矿石放到细菌培养液里浸着，过一段时间收集细菌的尸体，略加处理就能得到纯度很高的金属了。像氧化亚铁硫杆菌那样喜欢吃金属的菌种为数不少，食性也多种多样，喜欢吃金的、吃铀的、吃镉的……各有所好。细菌冶炼的成本较低，原料利用率较高，产生的有毒废物很少，是一种很有潜力的冶炼方式。

◆◆ "改造"细菌的DNA

大自然中这些喜欢吃金属的细

菌，不同程度地存在一些缺陷，有的繁殖较慢，有的适应环境的能力较差等。单靠它们，要大面积推广细菌冶炼是有困难的。基因工程专家们着手对这些细菌进行了改造。改造有两条途径，一种是通过DNA重组来改造这些细菌的遗传特性，提高它们的繁殖能力和适应能力；另一种是干脆把吃金属的基因转移到大肠杆菌和某些酵母菌中去，让这些繁殖快、适应能力强的菌种来完成冶炼金属的任务。

有人预言，不到20年，冶炼工业将发生革命性的变化，那就是高温冶炼和化学提炼的设备将大批消失，基因工程菌将成为冶炼工业的主力军。

↓大自然中存在喜欢吃金属的细菌

造福人类的特殊生命
——极端微生物

极端微生物是最适合生活在极端环境中的微生物的总称，包括嗜热、嗜冷、嗜酸、嗜碱、嗜压、嗜金、抗辐射、耐干燥和极端厌氧等多种类型。

小精灵，大前途

提到生命体，人们一般都会想到动物和植物。其实，微生物和动物、植物一样，是自然界最重要的生命形式之一，只是因为微生物个体过于微小，不像一般动物和植物那样易让人们感知它的存在和功能，从而阻碍了人们对其的感性认识。其实，早在显微镜被发明的1676年，人类就发现了微生物的存在，并开始了相关研究。微生物在地球上主要担负分解代谢功能，没有它们的活动，地球将成为一个巨大的垃圾场。并且，微生物在工农业生产中的应用非常广泛，生活中常见的食品发酵、抗生素的生产等都有微生物的贡献。

它们生存在生命禁区

在人类认识微生物的过程中，在一度被认为是生命禁区的极端环境里，陆续发现了许多微生物以其独特的生理机制及生命行为在繁衍生息，这些微生物被称为极端微生物。科学家相信，极端微生物是这个星球留给人类独特的生物资源和极其珍贵的科研素材。科学界开展关于极端微生物的研究，对于揭示生物圈起源的奥秘，阐明生物多样性形成的机制以及认识生命的极限等，都具有极为重要的科学意义。而极端微生物研究的成果，将大大促进微生物在环境保护、人类健康和生物技术等领域的利用。目前发现的极端微生物主要包括嗜酸菌、嗜盐菌、嗜碱菌、嗜热菌、嗜冷菌及嗜压菌等。由于它们具有特殊的基因结构、生命过程及产物，对人类解决一些重大问题，如生命起源及演化等有很大的帮助。例如把分子生物学和基因组学研究往前推了一步的PCR（聚合酶链式反应）技术，就是因为应用了嗜热微生物的酶而得以实现的，使其能在很短的时间内在体外大量地复制DNA。而PCR技术的发明人穆利斯也因此于1993年获得了诺贝尔化学奖。

极端微生物的应用

目前，许多极端微生物体内的一些酶类已得到广泛的应用，如用嗜碱微生物生产的洗衣粉用酶，每年市场营业额高达6亿美元。科学家指出，极端微生物是亟待研究和开发的领域，如果能够成功研制出应用特性，对节约能源、提高效率将产生重要的影响。譬如说，在工业发酵生产中，由于普通微生物生产的菌株不耐高温，所以需用冷却来降低发酵过程中产生

的热量，以确保菌株的活力。如果能够找到合适的嗜热微生物来发酵，则可以避免不必要的资源和效率浪费。

拓展阅读

经过科研人员的不懈努力，目前人类已经掌握了极端微生物的部分机理，能够解释一部分问题，但距离全面了解和利用极端微生物还有很长的路要走。研究人员说："研究的过程就是发现和掌握极端微生物'脾性'的过程。人类要利用极端微生物，就必须充分认识其'脾性'。但就目前来看，人们对极端微生物的认识还很肤浅，从科研到大规模应用尚需时日。"

↓嗜冷菌

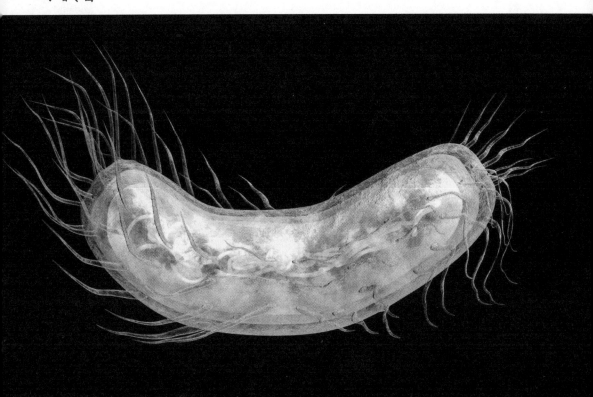

让绿色循环
——微生物燃料电池

目前全世界正面临着能源危机,科学家们也正在寻找化石燃料可能的替代能源。美国威斯康星—麦迪逊大学的一个交叉学科研究小组正在研究是否能通过细菌的光合作用产生持续电流的技术。

什么是微生物燃料电池

微生物燃料电池的概念已经提出将近三十年了。当时一个英国研究人员在碳水化合物培养细菌的过程中,连接两个电极时,观测到了微弱的电流。尽管它还只处于实验室研究阶段,但其研究已经逐渐成形,有望成为一种替代能源。

事实上,光合作用细菌可以有效地从它们的食物中分离出能量。微生物可以从有机废物中剥离电子,然后形成电流。利用先进的电子提取技术,可以更有效地进行这个转化过程。

目前,研究人员们把微生物封装在密闭的无氧测试管中,测试管的

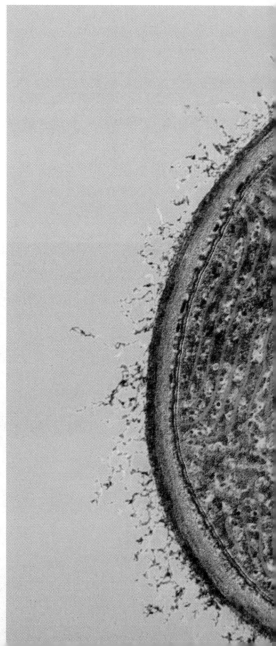

形状被做成类似电路的回路。当处理废物时，先把有机废水通入管中，作为副产品电子向阳极移动，然后通过回路流到阴极。另外一种副产品质子通过一块离子交换膜流到阴极。在阴极中，电子和质子与氧气发生反应形成水。

↓光合作用细菌

永不止步的研究

一块微生物燃料电池，理论上最大可以产生1.2伏特电压。但是实际上，它可以像电池一样，把足够多的燃料电池并联和串联起来，产生足够高的电压，成为一种有实际应用的电源。

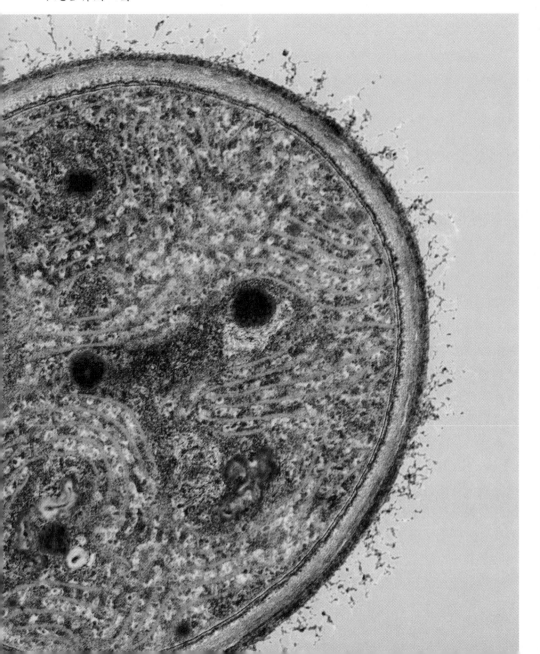

微生物与人类的代谢工程

　　微生物在代谢过程中，会产生多种多样的代谢产物。根据代谢产物与微生物生长繁殖的关系，可以分为初级代谢产物和次级代谢产物两类。

微生物的初级代谢产物

　　初级代谢产物是指微生物通过代谢活动产生的，自身生长和繁殖所必需的物质，如氨基酸、核苷酸、多糖、脂类、维生素等。在不同种类的微生物细胞中，初级代谢产物的种类基本相同。此外，初级代谢产物的合成在不停地进行着，任何一种产物的合成发生障碍都会影响微生物正常的生命活动，甚至导致其死亡。

　　人工控制微生物代谢的措施包括改变微生物遗传特性、控制生产过程中的各种条件（即发酵条件）等。例如黄色短杆菌能够利用天冬氨酸合成赖氨酸、苏氨酸和甲硫氨酸。其中，赖氨酸是一种人和高等动物所必需的

氨基酸，在食品、医药和畜牧业上的需要量很大。在黄色短杆菌的代谢过程中，当赖氨酸和苏氨酸都累计过量时，就会抑制天冬氨酸激酶的活性，使细胞内难以积累赖氨酸；而赖氨酸单独过量，就不会出现这种现象。例如，在谷氨酸的生产过程中，可以采取一定的手段改变细胞膜的透性，使谷氨酸能迅速排放到细胞外面，从而解除谷氨酸对谷氨酸脱氢酶的抑制作用，提高谷氨酸的产量。

微生物的次级代谢产物

　　次级代谢产物是指微生物生长到一定阶段才产生的十分复杂的化学结构，对该微生物无明显生理功能，或并非是微生物生长和繁殖所必需的物质，如抗生素、毒素、激素、色素等。不同种类的微生物所产生的次级代谢产物不相同，它们可能积累在细胞内，也可能排到外环境中。其中抗生素是一类具有特异性抑菌和杀菌作用的有机化合物，种类很多，常用的有链霉素、青霉素、红霉素和四环素等。

微生物在长期的进化过程中，形成了一整套完善的代谢调节系统，以保证各种代谢活动经济而高效地进行。微生物的代谢调节主要有两种方式：酶合成的调节和酶活性的调节。

酶在微生物里的调节

微生物细胞内的酶可以分为组成酶和诱导酶两类。组成酶是微生物细胞内一直存在的酶，它们的合成只受遗传物质的控制，而诱导酶则是在环境中存在某种物质的情况下才能够合成的酶。例如，在用葡萄糖和乳糖作碳源的培养基础上培养大肠杆菌，开始时，大肠杆菌只能利用葡萄糖而不能利用乳糖，只有当葡萄糖被消耗完毕以后，大肠杆菌才开始利用乳糖。

微生物还能够通过改变已有酶的催化活性来调节代谢的速率。发生酶活性主要原因是，代谢过程中产生的物质与酶结合，致使酶的结构产生变化。这种调节现象在核苷酸、维生素的合成代谢中十分普遍。

上述两种调节方式是同时存在并且密切配合、协调作用的。通过对代谢的调节，微生物细胞内一般不会累积大量的代谢产物。但在工业生产中，人们总希望微生物能够最大限度地积累对人类有用的代谢产物，这就需要对微生物代谢的调节进行人工控制。

↓大肠杆菌

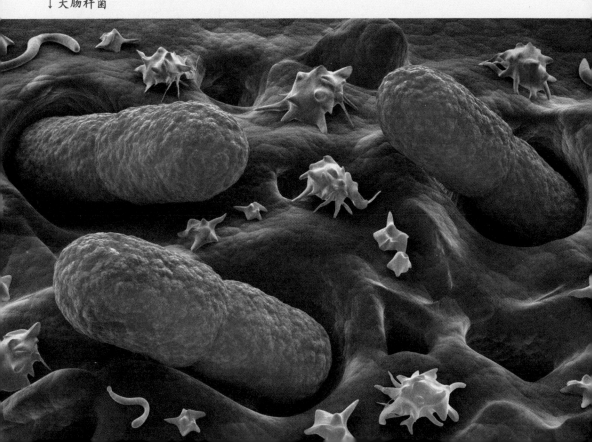

火山的微生物"爱吃"甲烷

科学家发现了一种能够分解甲烷的微生物，有望用于"抵御"全球变暖。甲烷是造成温室效应的元凶之一，而单细胞有机物有助于调节通过火山喷发等形式释放出来的甲烷量。

爱吃甲烷的火山微生物

德法联合研究小组在挪威斯匹次卑尔根岛哈康莫斯比泥火山考察时，发现了4种生活在火山口的单细胞生物，其中有一种细菌被证明可在氧气的作用下分解甲烷。经检测，这种细菌可以分解哈康莫斯比泥火山产生甲烷中的40%。另一种细菌群落属于古细菌，是一种不同于细菌和真核细菌的单细胞有机体；第三种是能够利用氧气分解甲烷的细菌；第四种是另外一种古细菌，能够与其他细菌一起利用硫酸盐来分解甲烷。

它们不能"吃掉"所有甲烷

火山所喷发出来的硫酸盐和氧气的上升流限制了嗜甲烷菌的生存环境。因此，最终微生物仅能够分解掉火山喷发出来的40%的甲烷。

海底泥浆火山可能是温室气体甲烷的主要排放来源。其中的一些气体被一种名叫嗜甲烷菌的微生物消耗掉了，但相对来说，很少有微生物能利用甲烷，而且相关的过程也不是很清楚。科学家对巴伦支海中一个泥浆火山周围的水域做了一项研究工作，识别出了3个关键的嗜甲烷菌。研究人员还发现富含硫酸盐和氧气的火山流体的向上流动限制了甲烷氧化的效率，使大部分甲烷能够逃逸到水圈，并有可能逃逸到大气中。

拓展阅读

对火山微生物的研究，科学家们一直没有停止过脚步，而海底火山微生物的存在更是令人兴味十足。经研究，海底的活火山口会不断向外喷射出黑色的液体，就像股股的黑色烟雾袅袅上升，科学家们将其称为"黑色烟雾"。这种"黑色烟雾"能为生命提供必需的物质，还能为生命遮挡来自太空的有害射线的辐射，因此它被认定是产生生命的摇篮。此外，他们还认为，这种在极端高温下生活的微生物是最早微生物的后代，是地球上所有生物的源头。

↓在电子显微镜下看到的产甲烷菌

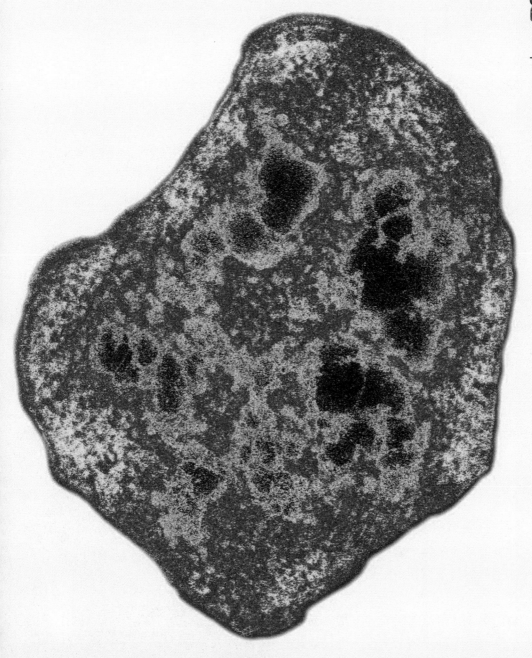

微生物与水质的净化

水中微生物可分成三大类：土著微生物、外来微生物、工程微生物。它们的作用非常强大，有去碳去氮、杀灭病毒、降解鱼药的毒性和彻底净化等作用。

土著微生物

土著微生物是指在当时当地水源水域中土生土长的微生物，在水中或固着在生物包的填料上形成生物膜，是在自然状态下形成的，如活性污泥。光合细菌也是水中土著菌，它能降解含碳废水，去除率为98%。

外来微生物

外来微生物是指在自然界中，能有效降解水体中碳、氮、磷、硫系污染物的高效菌株。它们生长在土壤中，因为那里有它们所需要的氮、磷、钾及其他必需的营养元素。而自然界的海、淡水原来未受污染，缺乏

这些营养元素，就很少有这些细菌生长。对水体来说，它们都是外来菌，如氨化细菌、硝化细菌、反硝化细菌、固氮菌和纤维素分解菌，大多是好氧和兼性厌氧菌。

从自然界严格分离筛选出的多种高效广谱微生物，再经过互补、共生机制培育，使净水功能倍增。把外来菌

↓净化水资源需要广泛用到微生物技术

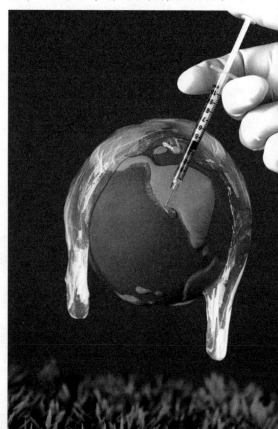

接种到生物包上，由于微生物之间的共生、竞争、排斥、偏害、拮抗，会受到土著微生物的攻击，因此需要使用大量的外来菌才能形成优势。一般水体(湖水)每毫升有细菌1000个到100万个，外来菌就应该有10亿到1000亿个。

基因工程菌

研究表明，从环境中分离筛选的菌种，其降解污染物的酶活性有限，要高效、快速地超常发挥，就得用现代基因工程来改造微生物，形成基因工程菌，又称工程微生物。

运用生物工程技术，采用细胞融合、基因重组技术等遗传工程手段，可以将某种降解污染能力强的微生物

↓微生物的含量直接关系到水资源的质量

的降解基因，转入繁殖能力强、适应性好的受体微生物中，构建出高效的具有广谱降解能力的基因工程菌。

净水微生物的优势

首先是杀灭病毒，如枯草杆菌、绿脓杆菌具有分解病毒外壳酶的功能而杀灭病毒。

其次是降解鱼药的毒性，如假单胞菌、放线菌、真菌有降解转化残留化学鱼药的功能。

第三是絮凝作用，如芽孢杆菌、产气杆菌、黄杆杆菌等具有生物絮凝作用，可以将水体中的有机碎屑结合成絮状体，使重金属离子沉淀，很容易被过滤器截流而移出系统外，使水体清澈。

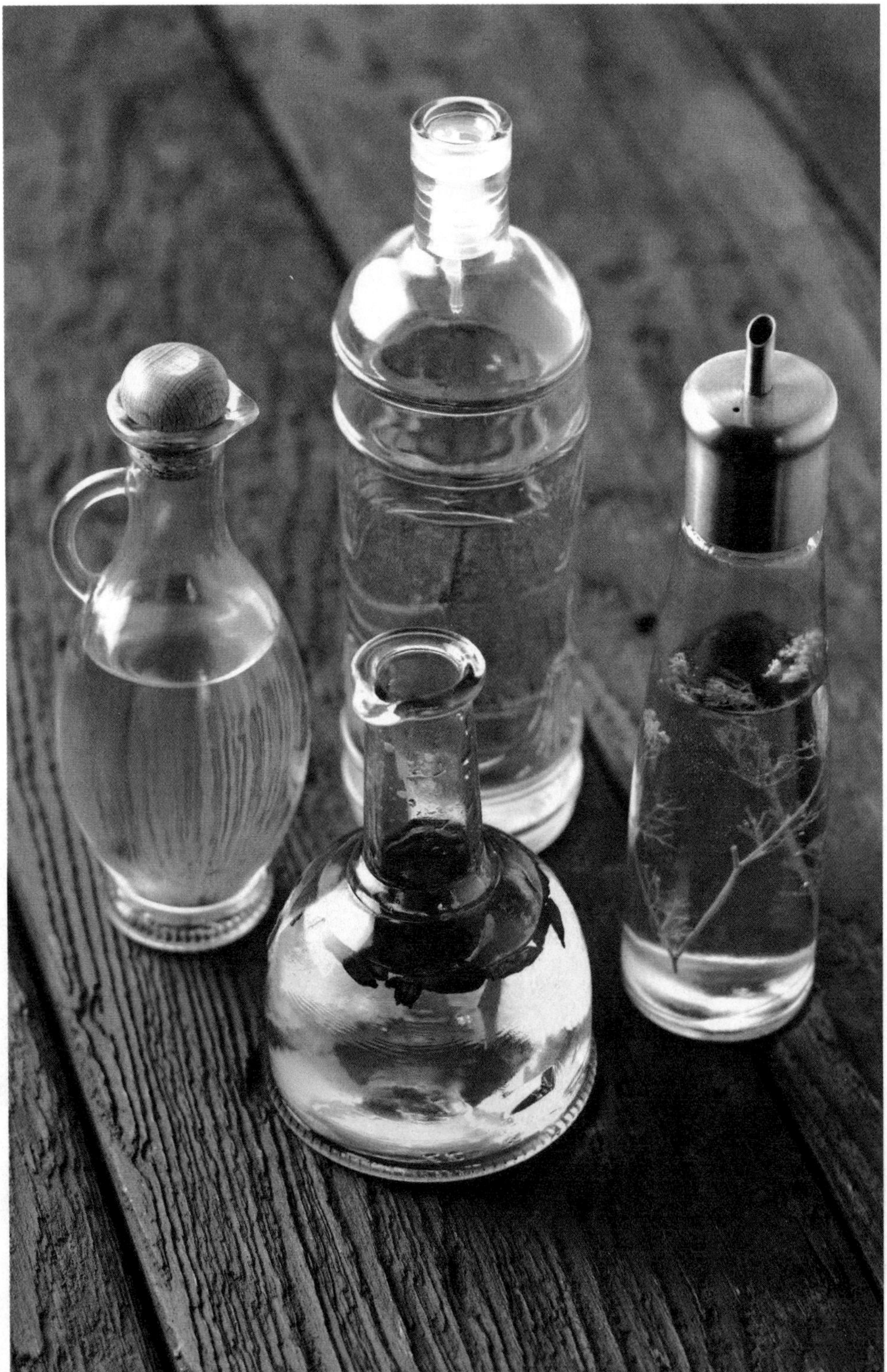

第六章

了解细菌的庐山真面目

　　在显微镜下，我们看到的细菌大致有三种形状：个儿又胖又圆的，叫球菌；身体瘦瘦长长的，是杆菌；体形弯弯扭扭的，称螺旋菌。不论哪种形状，它们都只是单细胞，内部结构和一个普通的植物细胞相似。多数细菌是不会运动的，只是由于它们体微身轻，所以能借助风力、水流或粘附在空气中的尘埃和飞禽走兽身上，云游四方，浪迹天涯。

不可缺少的海洋细菌

细菌，是地球上最早形成的最原始的生命，虽然现在已发展到5000多种，且已遍布世界的各个角落，但仍有半数成员一直生活在海洋里。从南北极的冰下到最深的万米海沟底部，它们无处不在。若有适宜的地方供它们粘附，它们就会迅速蔓延。所以，海底底质中的细菌比上层水体中的细菌要多，浅海底的细菌比深海底的细菌多。

海洋中细菌的分布

海洋细菌分布广、数量多，在海洋生态系统中起着特殊的作用。海洋中细菌数量分布的规律是近海区的细菌密度较大，内湾与河口内密度尤大；表层水和水底泥界面处细菌密度较深层水大，一般底泥中较海水中大；不同类型的底质间，细菌密度差异悬殊，一般泥土中的细菌高于沙土中的。

什么是腐生细菌

腐生细菌是一种能使海洋里的动植物尸体、粪便和其他有机物腐烂、分解，最后都变成二氧化碳、硝酸盐、磷酸盐等无机化合物的细菌。这些化合物就像农业用的化肥一样，作为养料提供给其他生物进行光合作用，重新生产有机物。细菌不同，喜欢分解的有机物也不同。有些细菌喜欢分解纤维素，有些专门吃蛋白质，多数有机物都可以被细菌用作能源，有的细菌甚至还能慢慢地降解石油。所以，无论是单细胞的放射虫，还是海中霸王鲨鱼或带有硬壳的虾蟹，死亡以后都会统统被它们消灭掉。

↓自养细菌蓝藻

化学合成细菌

化学合成细菌能在无法进行光合作用的地方，如海底的地热喷口处合成复杂的有机物。这些细菌能利用溶解在水里的硫化氢气体作为能源生产出有机物。在深海的热泉口附近发现的深海管状蠕虫，其消化系统全部退化，它们无口、无消化道，也无肛门，肚子里全是细菌，活得却非常好，这是因为它们靠肚子里的细菌用合成方式产生有机物来为自己提供营养。

自养细菌

自养细菌就是能进行光合作用，靠自己养自己的细菌。例如蓝藻，它们是一个个独立的细菌或数个细菌连在一起而形成的。它们的主要特点是细胞里有色素（包括叶绿素），因而呈现蓝色、绿色，有时还带浅红色。

当数量达到一定程度时，还会使水色变红，红海就是因此而得名的。

它们有球形、杆形、螺旋形、卵形、链形及丝状等形态，形态会因环境和生活阶段的不同而不同，蓝藻能把水中溶解的氮气转化为硝酸盐和亚硝酸盐等基本的营养物质，所以它们对热带海域浮游植物的光合作用起着重要的作用。

海洋细菌的多"功能"性

海洋里也有不少细菌能引起疾病，许多海洋哺乳动物、鱼和一些无脊椎动物因感染而引起的疾病，就是某些海洋细菌所为。

但另一方面，科学家也发现，海洋里的细菌是生物医药的新来源，如人们发现虾卵上的细菌能分泌某些物质，保护虾卵免受致病细菌的侵袭，若除去这种细菌，这些虾卵会在数小时内遭到外界破坏而死亡。

海洋里还有上百种能发光的细

↑ 海洋中有无数的光合作用细菌

菌，当海水受到搅动或某种化学药品的激发时，发光细胞就能发出幽幽荧光。科学家依此而设计出细菌探测仪，里面培养着细菌，每种细菌能探测出 1～5 种毒气、炸药之类的化学物质。当它们受到各自敏感的毒气或炸药等物质的激发时就会发光，使光电管亮起来。这种细菌探测器在海关检查毒品时可以大显神通。

细菌，地球上最早出现的生命，在今天自然界的物质循环中仍担负着重要的使命。

拓展阅读

细菌是有机物的分解者，在礁屑食物网中起着关键性的作用。若没有它们的分解，沉到海底的动物尸体和植物残体会越积越多，而水中的养料会越用越少，物质循环迟早会无法维持下去。正是由于细菌的分解，才能将尸体、残体由大变小，既为一些吃碎屑的动物提供了食物，又能最终将有机物分解成无机物，使它们回归海水之中，为进行光合作用的生物提供养料，从而开始了另一个物质循环过程。

细菌超强的生存能力

有科学家称，巨大的重力似乎对微生物没有产生太大的作用。微生物能生存在比地球引力大40万倍的超重环境下。

最意外的发现

研究人员将大肠杆菌放到重力相当于地心引力7500倍的环境中时，他们发现这种微生物仍然能生长，而且繁殖得相当好。研究人员表示："我们震惊于这一发现，它刺激着我们的好奇心。因此，我们在更大重力环境下重复了同样的实验，最终发现大肠杆菌甚至能在40万倍重力环境下正常地生长繁殖，而40万倍重力是我们通过实验设备能够产生的最大重力。"

对比之下，大约50倍重力环境可能会对人类产生严重伤害，甚至死亡，即使处于这种环境下仅百分之一秒。美国宇航局航天飞机上的宇航员在起飞和返回时，可能要承受大约3倍重力的压力。

研究人员进一步扩展了他们的实验，将4种其他类型的微生物暴露于超重环境下长达140小时。他们发现，另一种微生物脱氮副球菌也可以在40万倍重力环境下繁殖生存。

↓某些细菌具有抗辐射能力

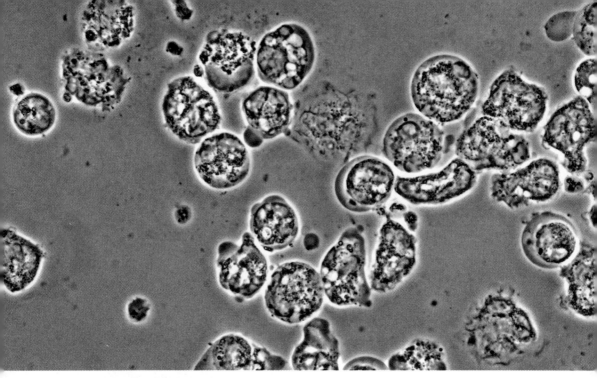

↑细菌具有超强的生存能力

细菌的超级防辐射能力

在这个核时代，有一种"超级英雄"被称为"抗辐射微球菌"，这种细菌是微生物学家在经过辐射灭菌处理后依然变质的罐头肉中发现的。研究表明，微球菌承受辐射的强度是人类的数千倍，其秘密就在于微球菌的超级修复能力。

我们知道，辐射能将DNA断裂成碎片，从而对DNA造成毁灭性的伤害。但当微球菌的基因组受损时，其修复基因会立即行动起来，使受损基因恢复到原来的状态。研究证明，微球菌能像实验室里的DNA复制机一样合成出与断裂片断互补的复制品，然后将这些片断连接起来，重建DNA的完整序列，并大规模地修复自身的DNA。而人类对DNA的修复和复制却是有限的。

很显然，耐辐射菌的DNA修复可以用来促进人类DNA的修复。不过，要想使耐辐射细菌的相关基因在人体中发挥作用，还面临巨大的挑战。

拓展阅读

既然遗传密码的载体是由物质构成的，那么能不能像塑料和化学合成纤维那样，对遗传密码也进行人工合成呢？比诗人更富于幻想的遗传工程师们，开始了这场伟大的工程。1977年底，美国一些遗传工程师们，采用化学方法合成了一个人脑激素的基因，并且把它引入大肠杆菌，创造出一种会产生人脑激素的细菌，这就为工业化生产人脑激素开辟了道路。

战功累累的放线菌

放线菌是一类主要呈丝状生长和以孢子繁殖的陆生性较强原核生物。放线菌最突出的特点之一是能产生大量的种类繁多的抗生素。放线菌菌体为单细胞，最简单的为杆状或有原始菌丝。

放线菌与人类的关系

腐生型放线菌在自然界物质循环中起着相当重要的作用，而寄生型放线菌可引起人、动物、植物的疾病。而放线菌中大部分都是腐生，很少有寄生，因此可以说其与人类的关系十分密切。此外，放线菌还具有特殊的土霉味，容易使水和食品变味，还有的放线菌可以破坏棉毛织品、纸张等，造成不小的经济损失。

放线菌最突出的特性之一就是能产生大量的、种类繁多的抗生素。抗生素是主要的化学疗剂，现在临床所用的抗生素种类包括庆丰霉素等；有的放线菌还用于生产维生素和酶制剂。此外，

在石油脱蜡、污水处理等方面也有所应用。而科学家在寻找、生产抗生素的过程中，也逐步积累了不少有关放线菌的生态、形态、分类、生理特性及其代谢等方面的知识。据估计，全世界共发现4000多种抗生素，其中绝大多数由放线菌产生。这是其他生物难以比拟的。

泥土的味道哪里来

放线菌实际上是细菌家族中的一员，是一类具有丝状分枝细胞的革兰氏阳性细菌，因菌落呈放射状而得名。放线菌最喜欢生活在有机质丰富的微碱性土壤中，泥土所特有的"泥腥味"就是由放线菌产生的。

放线菌的形态、大小和结构

放线菌有许多交织在一起的纤细菌体，叫菌丝。这些菌丝分工不同，有的埋头大吃，这是专管吸收营养的基质菌丝；有的朝天猛长，这是作为放线菌成长发育标志的气生菌丝。放线菌长到一定阶段便开始"生儿育女"。它们先

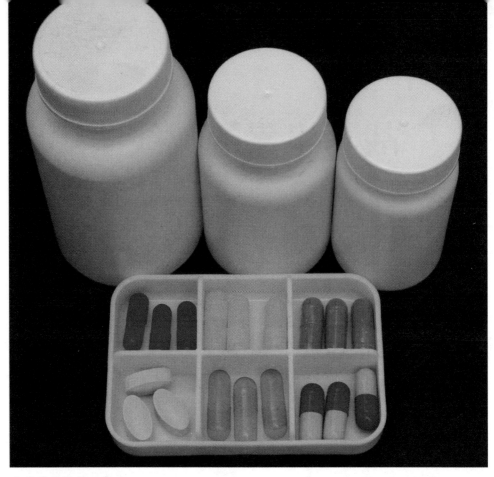
↑放线菌劳苦功高

在气生菌丝的顶端长出孢子丝，等到它们成熟之后，就分裂出成串的孢子。孢子的外形有的像球、有的像卵，可以随风飘散，遇到适宜的环境，就会在那里"安家落户"，开始吸水，萌生成新的放线菌。

根据菌丝形态和功能的不同，放线菌菌丝可分为基内菌丝、气生菌丝和孢子丝三种。链霉菌属是放线菌中种类最多、分布最广、形态特征最典型的类群。

基内菌丝匍匐生长于营养基质表面或伸向基质内部，它们像植物的根一样，具有吸收水分和养分的功能。

有些还能产生各种色素，把培养基染成各种美丽的颜色。

气生菌丝是基内菌丝长出培养基外并伸向空间的菌丝。在显微镜下观察时，一般气生菌丝颜色较深，比基内菌丝粗；而基内菌丝色浅、发亮。有些放线菌气生菌丝发达，有些则稀疏，还有的种类无气生菌丝。

孢子丝是当气生菌丝发育到一定程度时，其上分化出可形成孢子的菌丝。放线菌孢子丝的形态多样，有直形、波曲、钩状、螺旋状、一级轮生和二级轮生等多种，是放线菌定种的重要标志之一。

抗生素的主角——放线菌

医生常常使用链霉素、红霉素这一类抗生素治病，使许多病人转危为安，抗生素的"幕后"主角其实就是大名鼎鼎的放线菌。目前发现的几千种抗生素中，有一半以上是由放线菌产生的。它的菌落颜色鲜艳，呈放射状，对人体无害，因此，人们常用它作食品染色剂，既美观，又安全。利用放线菌还可以生产维生素B_{12}、蛋白酶和葡萄糖异构酶等医药用品。虽然个别类的放线菌对人类有害，例如分枝杆菌能引起肺结核和麻风病等，但这些比起放线菌的功绩来，实在是微不足道的。放线菌的个体是由一个细胞组成，与细菌十分相似，因此它们常被当作细菌家族中的一个独立的大家庭。不过，放线菌又有许多真菌家族的特点，例如菌体由许多无隔膜的菌丝体组成，所以从生物进化的角度看，它是介于细菌与真菌之间的过渡类型。

拓展阅读

放线菌中绝大多数是腐生菌，能将动植物的尸体腐烂、"吃"光，然后转化成有利于植物生长的营养物质，在自然界物质循环中立下了不朽的功勋。还有一种叫弗兰克氏菌，生长在许多非豆科植物的根瘤里，能固定大气中的氮，成为植物能利用的氮肥。

↓弗兰克氏菌的生长环境

真菌——微生物中最大的家族

随着生活水平的逐渐提高，人们的卫生防病意识也在不断加强。大多数人都知道细菌可以导致疾病，并习惯用"有病菌"或"有细菌"来形容一个脏的环境或物品。那么，真菌又是怎么回事，它是细菌的一种吗?的确，真菌也很微小，也能使人生病，但它和细菌有着本质的区别。真菌和细菌一样，都是分解者，能分解死亡生物的有机物，但真菌能将生物分解为各类无机物，增加土地肥力。

最大的家族

真菌是微生物王国中最大的家族，它的成员约有25万多种。真菌这个名字听起来好像比较陌生，其实生活中我们经常接触到它。例如，味道鲜美的蘑菇，营养丰富的银耳、木耳，延年益寿的灵芝，利水消肿、健脾安神的茯苓，保肺益肾、止血化痰的冬虫夏草。诸如此类早为人们所熟悉的名菜佳肴、珍奇药物，都是真菌家族的成员；酿酒、发面、制酱油，都离不开酵母菌或霉菌的帮助，而它们也正是真菌大家族的杰出代表。

微生物中最年轻的家族

从生物进化的过程来看，真菌的诞生要比细菌晚10亿年左右，所以它是微生物王国中最年轻的家族。它们和细菌、放线菌最根本的区别在于真菌已经有了真正的细胞核，因此人们把真菌的细胞叫作真核细胞。从原核细胞发展到真核细胞，是生物进化史上的一件大事。

虽然蘑菇、猴头菇这一类真菌长得又高又大，样子很像植物，但它们的细胞壁里没有纤维素和叶绿体，不能像植物那样产生叶绿素，这是它们与植物的重要区别。

真菌的应用

真菌在自然界中分布极广，有十万多种，其中能引起人或动物感染的仅占极少部分，约300种。很多真菌对人类是有益的，如发酵面粉，制酱油、醋、酒和霉豆腐等都要用真菌来发酵。工业上许多酶制剂、农业上

↓灵芝

↓蘑菇是最常见的真菌

的饲料发酵都离不开真菌。许多真菌还可食用，如蘑菇、银耳、香菇、木耳等。真菌还是医药事业中的宝贵资源，有的可以用于生产抗生素、维生素以及酶类；有的本身就可以入药，用于医治疾病，如中药马勃、茯苓、冬虫夏草等。

知识链接

抗生素，亦称"抗菌素"。主要指微生物所产生的能抑制或杀死其他微生物的化学物质，如青霉素、链霉素、金霉素、春雷霉素、庆大霉素等。从某些高等植物和动物组织中也可提得抗生素。在医学上，广泛地应用抗生素可以治疗许多微生物感染性疾病和某些癌症等。在畜牧兽医学方面，抗生素不仅用来防治某些传染病，还可用以促进家禽、家畜的生长；在农林业方面，抗生素可用以防治植物的微生物性病害；在食品工业上，抗生素则可用作某些食品的保存剂。

真菌带来的危害

真菌毒素是真菌在食品或饲料里生长所产生的代谢产物，对人类和动物都有害。真菌毒素造成中毒的最早记载是11世纪欧洲的麦角中毒，这种中毒的临床症状曾在中世纪的圣像画中描述过。由于麦角菌的菌核中会形成有毒的生物碱，所以这种疾病至今仍称为麦角中毒。急性麦角中毒的症状是产生幻觉和肌肉痉挛，进而发展为四肢动脉的持续性变窄而发生坏死。

造成较大社会影响的真菌毒素中毒事件有1913年俄罗斯东西伯利亚的食物中毒造成的白细胞缺乏病，1952年美国佐治亚州发生的动物急性致死性肝炎，我国20世纪50年代发生的马和牛的霉玉米中毒和甘薯黑斑病中毒、长江流域的赤霉病中毒、华南的霉甘蔗中毒等。真菌及其毒素与癌症的发生有密切的关系，癌症的高发地区与食物中带染真菌和存在真菌毒素有关。

黄变米，即失去原有的颜色表面呈黄色的大米，主要由黄绿青霉、岛青霉、橘青霉等霉菌的侵染造成。黄绿青霉可产生神经毒素，急性中毒症状表现为神经麻痹、呼吸麻痹、抽搐，慢性中毒症状表现为溶血性贫血。岛青毒产生的黄天精和环氯素能引起肝内出血、肝坏死和肝癌。橘青霉产生的橘青霉素能毒害肾脏。有一些出血综合征也是由真菌毒素引起。如拟分枝镰刀菌和梨孢镰刀菌产生的T2毒素，其急性中毒症状为全身痉挛，心力衰竭死亡；亚急性或慢性中毒常表现为胃炎，恶心，口腔、鼻腔、咽部、消化道出血，白细胞极度减少，淋巴细胞异常增大，血凝时间延长等。葡萄状穗霉菌产生的毒素会引起皮肤类和白血病症状，初期症状是流涎，颚下淋巴肿大，眼、口腔黏膜，口唇充血，继而黏膜龟裂。开始白细胞增多，继之血小板白细胞减少，血凝时间长，许多组织呈坏死性病变，从而造成患者死亡。

❖ 著名的"十万火鸡事件"

1960年在英格兰东南部的农庄中，人们突然发现他们饲养的火鸡一个个食欲缺乏，走起路来如同一个醉汉东倒西歪。过了两天，这些火鸡全都耷拉着脑袋，不能取食，不到一周的时间便都陆续死去。这种不明的"瘟神"迅速扩展到其他地方，农民们眼睁睁地看着自己饲养的火鸡一只一只地死掉，却无可奈何而伤心至极。短短两三个月的光景，便死掉了约十万只火鸡——这就是历史上有名的"十万火鸡事件"。

当时，由于人们对这种疾病原因不明，故叫作"火鸡X病"。与此同时，在非洲的乌干达也发现了类似的小鸭死亡事件，根据各种疑迹，科学家开始了追捕"凶犯"的调查与分析。

开始，科学家检查了当地农民施用的农药，结果排除了农药致死火鸡的可能性。随后，他们又对各种致病微生物做了大量的检测分析，认为它们也不可能引起如此大规模的火鸡死亡。最后通过仔细调查，他们终于在伦敦的一家碾米厂找到了疑点，认为"凶犯"与碾米厂所供应的饲料有关，其主要毒性则在饲料里的长生粉中。科学家用这些长生粉对小鸡和小鸭做试验，结果发现它们都呈现出典型的"火鸡X病"症状。由此证明，这种长生粉具有微强的毒性。至此，"凶犯"的来龙去脉已被查明，但真正的"凶犯"又是谁呢？

在随后的两年时间里，科学家集中对这些长生粉做了分析研究，通过各种高科技手段，最后确认这个"凶犯"便是黄曲素，其致火鸡于死地的有毒物质便是这种霉菌所排泄出来的黄曲霉毒素。这类毒素的毒性之烈，简直让人难以相信。取1克这类毒素中毒性最强的物质，便能毒死成千上万只小鸭！这个超级杀手黄曲素不仅可以成批成批地杀死动物，而且对我们人类的安全也直接构成威胁。1974年10月，在印度西部的农村里，曾发生过一起黄曲霉毒素中毒事件，涉及二百多个村庄，共397人生病，其中死亡106人。

拓展阅读

真菌在地球上存在了多长时间至今还不清楚，对真菌的起源也没有确切的结论。真菌的有些特点和植物相似，然而在某些方面又和动物相似。近年来，根据营养方式的比较研究，确定真菌不是植物也不是动物，而是一个独立的生物类群——真菌界。

微生物的秘密生活

发霉的真菌——霉菌

霉菌是丝状真菌的俗称，意思是"发霉的真菌"，它们往往能形成分枝繁茂的菌丝体，但又不像蘑菇那样产生大型的子实体。构成霉菌体的基本单位称为菌丝，呈长管状，宽度为2~10微米，可不断自前端生长并分枝。在固体上生长时，部分菌丝深入物体吸收养料，被称为基质菌丝或营养菌丝；而向空中伸展的称气生菌丝，可进一步发育为繁殖菌丝，产生孢子。菌丝体通常呈现出白色、褐色、灰色或鲜艳的颜色（菌落为白色毛状的是毛霉，绿色的为青霉，黄色的为黄曲霉）。霉菌繁殖的速度非常迅速，经常会造成食品、用具等形成大量霉腐而变质。不过霉菌中也有很多有益种类被广泛应用了。霉菌是人类实践活动中最早认识和利用的一类微生物。

微生物世界的巨人家族

霉菌，又称"丝状菌"，属真菌，体呈丝状，丛生，可产生多种形式的孢子。多腐生，种类很多，常见的有根霉、毛霉、曲霉和青霉等。霉菌可用以生产工业原料（如柠檬酸、甲烯琥珀酸等），进行食品加工（如酿造酱油等），制造抗生素（如青霉素、灰黄霉素）和生产农药（如"920"、白僵菌）等。但它也能引起工业原料和产品以及农林产品发霉变质。还有一小部分霉菌可引起人与动植物的病害，如头癣、脚癣及番薯腐烂病等。

霉菌的繁殖

霉菌有着极强的繁殖能力，而且繁殖方式也是多种多样的。虽然霉菌菌丝体上任何一片在适宜条件下都能发展成新个体，但在自然界中，霉菌主要还是依靠产生形形色色的无性或有性孢子进行繁殖。孢子有点像植物的种子，霉菌的孢子具有小、轻、干、多，以及形态色泽各异、休眠期长和抗逆性强等特点，每个个体所产生的孢子数，经常是成千上万的，有时竟达几百亿、几千亿甚至更多。这些特点有助于霉菌在自然界中随处散播和繁殖。对人类的实践来说，孢子的这些特点有利于接种、扩大培养、菌种选育、保藏和鉴定等工作；不利之处则是易于造成污染、霉变和传播动植物的霉菌病害。

拓展阅读

霉菌是丝状真菌的俗称，意思是"发霉的真菌"，它们往往能形成分枝繁茂的菌丝体，但又不像蘑菇那样产生大型的子实体。在潮湿温暖的地方，很多物品上长出一些肉眼可见的绒毛状、絮状或蛛网状的菌落，那就是霉菌。为适应不同的环境条件和更有效地摄取营养满足生长发育的需要，许多霉菌的菌丝可以分化成一些特殊的形态和组织，这种特化的形态称为菌丝变态。

↓霉菌

最容易被真菌感染的食物

真菌无处不在。真菌们向来不挑食，我们的食物同样也是它们的食物，这给我们带来了很多的麻烦。

花生

黄曲霉是花生壳上最常见的真菌，所以在霉变的花生上总是能够检测出黄曲霉毒素，而且由花生制成的食品，如花生油或花生酱中也常含有黄曲霉毒素。与花生相似的还有开心果。另外一些坚果，如核桃、榛子或椰仁则受黄曲霉毒素的危害较轻。

烘烤食品（面包）

真菌毒素能通过由霉变的粮食磨成的面粉进入面包，常见的是发霉的面包中产生真菌毒素。面包烘烤之后在晾凉、储存、切割和包装的过程中，由于面包房中的空气内含有大量的真菌，面包容易被污染。在面包上常见的能产生毒素的真菌是黄曲霉（黄曲霉毒素）、赭曲霉（赭曲霉毒素 A）、扩张青霉（展青霉素）和杂色曲霉（杂色曲霉素）。在黑麦面包中只发现有黄曲霉生长，但无毒素形成。

水果和果汁

在酸性水果和水果制品中能形成的真菌毒素是展青霉素和由丝衣霉分泌的丝衣霉酸。这些真菌在水果（如苹果、梨、桃、杏、葡萄、菠萝和柠

↓ 容易被真菌腐烂的食物

↑ 容易被真菌腐烂的食物

檬等）表面长成棕色斑点。

展青霉素在酸性环境中非常稳定，巴氏消毒时用高达80℃的温度都不会使它失活。如果用腐烂的水果进行加工，果汁内就可能存在展青霉素。另外，丝衣霉属某些菌株的子囊孢子的抵抗力特别强，巴氏消毒时用高达85℃的温度也只能使少量的毒素失活，存活的毒素可能引起果汁变质。在卫生条件欠佳的环境中晾干和储放水果，特别容易被真菌污染。例如干无花果就常含有黄曲霉毒素。

蔬菜

在室温下，真菌在辣椒、西红柿、黄瓜、胡萝卜等蔬菜生长时能产生展青霉素。由于肉眼很容易发现这种霉变现象，消费者不会购买或食用它们，所以由此引起中毒的可能性极小。

果酱类和蜂蜜

在含糖量达到重量的50%～60%且未经处理的蜂蜜和果酱中不会产生真菌毒素。因此，按照传统配方的果酱（果实和糖各占一半）与含糖量低的产品相比，更能抵抗真菌毒素的污染。

奶酪

由于使用了含毒素的牛奶，也可能由于本身的霉变，奶酪也可能带有黄曲霉毒素，因为奶酪是真菌和黄曲霉生长的最理想基质。在肉眼几乎不能观察到真菌生长时，奶酪就可能已经含有毒素，而且其含量可能会威胁到人体的健康。

细菌到哪里都能生存

近日，日本海洋与地球科学技术研究社科学家的一项最新研究显示，在比地球重力大40万倍的超重环境下，多种不同种类的细菌仍然可以存活和繁殖。

无处不在的细菌

细菌是在自然界中分布最广、个体数量最多的有机体，是大自然物质循环的主要参与者。细菌的个体非常小，目前已知最小的细菌只有0.2微米长，因此大多数细菌只能在显微镜下看到。细菌一般是单细胞，细胞结构简单，缺乏细胞核、细胞骨架以及膜状胞器，例如线粒体和叶绿体。原核生物中还有另一类生物称作古细菌，是科学家依据演化关系而另辟的类别。

细菌主要是由细胞膜、细胞质、核糖体等部分构成，有的细菌甚至还有荚膜、鞭毛、菌毛等特殊结构。细菌的形状可分为三类：球菌、杆菌和螺形菌（包括弧菌、螺菌、螺杆菌）。按细菌的生活方式可分为两大类：自养菌和异养菌，其中异养菌包括腐生菌和寄生菌。按细菌对氧气的需求，可分为需氧（完全需氧和微需氧）和厌氧（不完全厌氧、有氧耐受和完全厌氧）细菌。按细菌生存温度，可分为喜冷、常温和喜高温三类。

细菌广泛分布于土壤和水中，或是与其他生物共生。人体也带有相当多的细菌，据估计，人体内及表皮上的细菌细胞总数约是人体细胞总数的十倍。此外，也有部分种类分布在极端的环境中，例如温泉，甚至是放射性废弃物中，这类细菌被归类为嗜极生物。细菌的种类是如此之多，然而，科学家研究过并命名的种类只占其中的小部分。细菌域下所有门中，只有约一半种类能在实验室培养。

细菌与人类的关系十分密切。一方面，细菌是许多疾病的病原体，包括肺结核、淋病、炭疽病、梅毒、鼠疫、砂眼等疾病都是由细菌所引发；另一方面，大多数种类的细菌对人类是有益的，例如乳酪及酸奶的制作、

↑ 无处不在的细菌

部分抗生素的制造、废水的处理等，都与细菌有关。在生物科技领域中，细菌也有广泛的应用。总之，细菌在食品加工和工业生产上的应用十分广泛。

随着医药卫生事业的不断发展，细菌制品越来越多地用于防病治病，例如，利用病原菌或处理后丧失毒性的病原菌制成各种预防疾病的疫苗；大肠杆菌产生的冬酰胺酶，可用于治疗白血病，效果较好。从以上可以看出细菌对人类的确有很多好处，离开细菌，人类就难以生存。但同时也应该看到，少数种类的细菌对人类的危害比较大，例如，腐生细菌能使食物腐败变质，不仅造成大量的损失浪费，而且往往由此会引起人的食物中毒；为杀灭农作物的病原菌，需要花费大量的钱财，并且还会严重污染环境；严重危害人类健康的痢疾、伤

寒、鼠疫、霍乱、白喉、破伤风等疾病，也都是由相应的细菌引起的；由某些病原菌引起的家畜、家禽的许多传染病一直是困扰养殖业的大敌。为此，我们要讲究卫生，尽量防止病原菌侵染人体、家畜、家禽和农作物。

科学家的意外发现

科学家最初并非是专门研究微生物在高重力环境下的忍耐性。当研究人员将大肠杆菌加速到重力相当于地心引力7500倍的情形时，他们发现这种微生物并没有错过任何一个节拍，它们仍然生长，繁殖得相当好。大肠杆菌甚至在40万倍重力环境下仍然可以正常生长繁殖，而40万倍重力是我们通过实验设备能够产生的最大重力。

研究人员进一步扩展了他们的实验，将4种其他类型的微生物暴露于超重环境下长达140小时。他们发现，另一种微生物脱氮副球菌也可以在40万倍重力环境下繁殖生存。虽然大肠杆菌和脱氮副球菌是耐超重的冠军，但

↓冬虫夏草

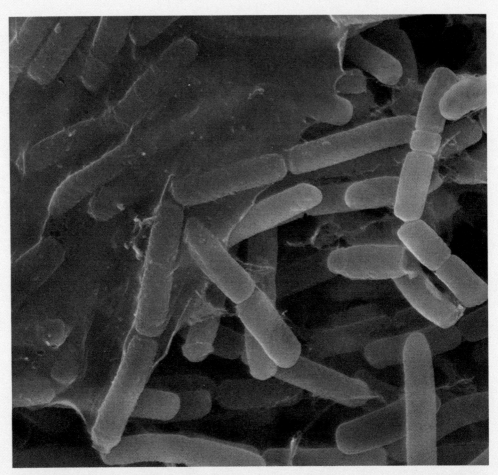

↑在潮湿环境下生长的芽孢杆菌

在大约2万倍重力环境下，所有5种被测试微生物物种都可以繁殖。

常见的多细胞的子囊菌有红曲菌和冬虫夏草等。红曲菌可酿造红糟、甜腐乳和红露酒。昆虫如蚂蚁、蛾的幼虫或蝶蛹等被虫草属的孢子沾上，孢子在虫体内或虫体外萌芽成长，菌丝体吸取营养生长，渐渐占据整个虫体，使虫僵死，越冬至初夏，即从虫体内冒出一根根黄色、棕色或黑色的子实体，所以冬天看它是一只僵死的虫，到夏天却变成像植物的真菌。

◆微生物的秘密生活

细菌家族中的杀手
——肉毒杆菌

肉毒杆菌是一种致命菌，生长在缺氧环境下，在罐头食品及密封腌渍食物中具有极强的生存能力，其在繁殖过程中分泌毒素，是毒性最强的蛋白质之一。军队常常将这种毒素用于生化武器。人们食入和吸收这种毒素后，神经系统将遭到破坏，出现头晕、呼吸困难和肌肉乏力等症状。

肉毒杆菌的症状

肉毒杆菌存在于动物的尸体、肉类、饲料及罐头食品中，分布广泛、抵抗力强。该病的轻重和食入的量成正比，潜伏期为几小时或数天，症状出现得越早说明中毒越严重。症状为进行性发展，病初表现为呕吐、吐沫，随后发展为肢体对称性麻痹。一般由后肢向前肢延伸，进而引起四肢瘫痪。

肉毒杆菌的毒素

肉毒杆菌毒素食物中毒是由于误食肉毒杆菌毒素污染的食品而引起的中毒性疾患。肉毒杆菌广泛分布于土壤、海水和动物消化道中。人进食病原菌后并不致病，只有在缺氧的条件下（如罐装食品、腊肠等）肉毒杆菌才能生长繁殖并产生外毒素，人若进食其毒素后能引起中毒。肉毒杆菌外毒素是一种嗜神经毒素，毒力极强，对人类最小致死量为0.001毫克。肉毒杆菌毒素主要是通过饮食引起人畜中毒，不但成年人可以发生，而且幼儿更易发生。根据记载，肉毒杆菌中毒的致死作用是所有食物中毒中最强的。

肉毒杆菌的应用

肉毒杆菌是一种生长在缺氧环境下的细菌，在罐头食品及密封腌渍食物中具有极强的生存能力，其分泌出的毒素是目前毒性最强的毒素之一。人们食入和吸收这种毒素后，神经系统将遭到破坏，出现头晕、呼吸困难

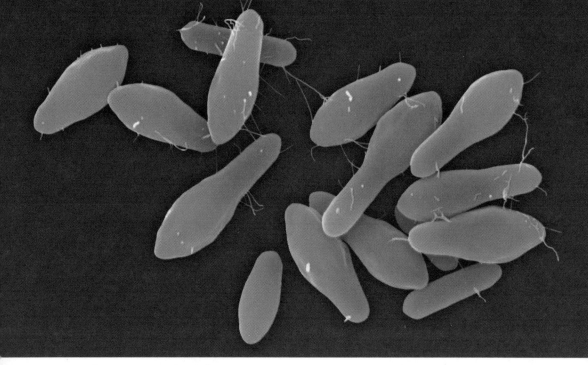

↑高倍显微镜下的肉毒杆菌

和肌肉乏力等症状。

不过，科学家和美容学家可是看中了肉毒杆菌的毒素能够让肌肉得到暂时的麻痹这一功效。1992年，有人尝试将肉毒杆菌毒素注射除皱法引进到美容医学的治疗上，就是我们所说的除皱术，也称为生物素除皱。

医学界原先将该毒素用于治疗面部痉挛和其他肌肉运动紊乱症，用它来麻痹肌肉神经，以此达到停止肌肉痉挛的目的。可在治疗过程中，医生们发现它在消除皱纹方面有着异乎寻常的功能，其效果远远超过其他任何一种化妆品或整容术。因此，利用肉毒杆菌毒素消除皱纹的整容手术应运而生，并因疗效显著而在很短的时间内风靡整个美国。由于其自身的特性，也发生了很多整容手术事故。

肉毒杆菌除了防皱除纹外，也可以应用在抑制神经、肌肉病变患者身上。因为肉毒杆菌药理主要作用于肌肉神经交接处，可抑制乙酰胆碱释放，进而抑制肌肉收缩。例如眼部痉挛的病患，可以利用肉毒杆菌抑制眼皮跳动，达到疏解效果。

拓展阅读

肉毒杆菌毒素除皱有一定的并发症和副作用，如注射局部有头痛，抬头纹处注射不当时会发生睑下垂，鱼尾纹处注射不当时会发生复视及闭眼不全。或者因注射剂量不准确，会发生一侧多、一侧少的不对称现象，进针刺破血管还会发生出血或血肿。如果大剂量、反复注射还可能会引起肌肉麻痹，进而不能做各种表情，有带着假面具样的感觉，极少数病人还可能发生过敏性休克。

微生物的秘密生活

使人产生幻觉的麦角菌

麦角菌曾在中世纪欧洲引起过所谓的"传染病"，造成上千万人死亡，许多妇女流产。麦角病的后果极为可怕，会使人全身肌肉剥落，疼痛不止，最后极其悲惨地死去。后来，面粉制造工艺更精良了，极少出现因食用含有麦角菌的面粉而中毒的案例。

麦角菌的危害

麦角菌属于真菌门，子囊菌亚门，核菌纲，球壳目，麦角菌科，麦角菌属。此菌寄生在黑麦、小麦、大麦、燕麦、鹅冠草等禾本科植物的子房内，将子房变为菌核，形状如同麦粒，故称之为麦角。麦角菌在我国分布很广，全国约有13个省发现过麦角菌存在，南至贵州，北达黑龙江，东自浙江，西抵青海，都有麦角菌的分布。

麦角菌为名贵中药材，据分析其所含的生物碱多达12种，分为麦角胺、麦角毒碱、麦角新碱3大类。主要功能是引起肌肉痉挛收缩，故常用作妇产科药物，用作治疗产后出血的止血剂和促进子宫复原的收敛剂。麦角是麦类和禾本科牧草的重要病害，危害的禾本科植物约有16属，22种之多，它不但使麦类大幅度减产，而且含有剧毒，牲畜误食带麦角的饲草可中毒死亡，人药用剂量不当可造成流产，重者导致死亡。

麦角菌引发的昏睡症

麦角菌还会引起昏睡，有时还会使人产生幻觉。在墨西哥的一个偏僻村庄里，每当祭神节来临的时候，村里的阿兹蒂克人就会聚集在一间神秘的茅屋里举行神秘的仪式。一位名叫萨古那的传教士无意中发现了其中的秘密。

一天晚上，他听到茅屋里传来了一阵鼾声，在好奇心的驱使下，他推开了茅屋的门，看到了惊人的一幕：村民们横七竖八地倒在屋里，正呼呼大睡。屋子中央的桌上，还残留有村民吃剩的淡紫色牛角状食物。萨古那尝了一口，

↑麦角菌常寄生于黑麦、小麦、大麦、燕麦等植物中

觉得又苦又涩，便将它放下了。

回到家之后，萨古那眼前浮现出一些奇怪的景象：张牙舞爪的美洲豹、青铜色的火鸡、各种妖魔鬼怪的乱舞……疑惑不解的萨古那将这个奇怪的现象记在了日记里，未等到解开谜底他就离开了人世。后来，一对美国夫妇约翰和沃森无意中看到了他日记里这段奇怪的经历，对人种学和人类发展史颇有兴趣的约翰·沃森夫妇决定前往墨西哥一探究竟。

为了赢得村民的信任，他们为当地村民治病，救治了不少危重病人，终于被村民接纳。于是，在祭神节到来的时候，约翰·沃森夫妇被邀请参加。在仪式的现场，他们看到一位担任祭主的老妇人一口气吞下了20个"牛角"，然后将剩下的分发给村民，大约10分钟后，村民们又唱又跳，陷入一种疯狂状态。约翰夫妇也吃了几个，不久便也昏昏沉沉。

第二天，约翰夫妇在昏睡中醒来之后，发现村民们仍在酣睡，他们取了几只"牛角"跑回住所，将它寄给了美国生物学家海姆博士。据他们后来回忆，他们昏昏沉沉中，眼前好像出现了火鸡、远古时代的武士……

经海姆博士鉴定，这种牛角中含有一种会使人产生幻觉的真菌，这种真菌就是麦角菌。吃了带有麦角菌的食物，人们会产生幻觉，眼前会出现各种奇怪的事物，有时候还会感觉自己的身体像是被劈成了两半。

扩展阅读

在中世纪的欧洲，麦角病肆虐了几个世纪，在当时造成极大的恐慌，许多人也因此遭殃，成为无知的牺牲品。其中最惨烈的莫过于"塞勒姆审巫案"。这场由麦角病引发的审巫风潮将19个人送上了绞刑架，4人死于监狱中，还有200多人被逮捕监禁。

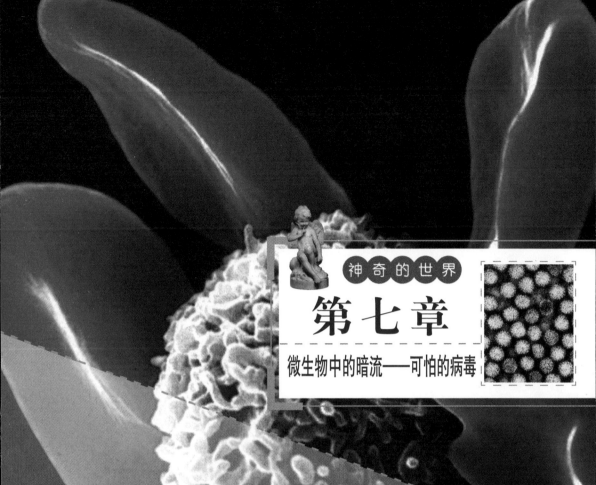

第七章

微生物中的暗流——可怕的病毒

　　病毒比细菌小得多，只有用能把物体放大到上百万倍的电子显微镜才能看到它们。一般病毒只有一根头发直径的万分之一那么大，它比细菌简单得多，整个身体仅由核酸和蛋白质外壳构成，连细胞壁也没有。蛋白质外壳决定病毒的形状，它们中有的呈杆状、线状，有的像小球、鸭蛋、炮弹，还有的像蝌蚪。

人类健康头号杀手
——传染病

　　虽然我们能够制服引起一般传染病的微生物，但是，艾滋病和新出现的疾病依然不断威胁着人类，还有一些一度被控制的传染病又开始死灰复燃。例如，世界各地似乎一度销声匿迹的结核病，近年来患病率却节节上升。据世界卫生组织的资料，全世界每年死亡的5200万人中，有三分之一是由传染病造成的。

病毒可以独立生存吗

　　病毒是不能单独生存的，它们必须在活细胞中过寄生生活。因此各种生物的细胞便成为病毒的"家"。寄生在人或其他动物身上的病毒称为动物病毒，人类的天花、肝炎、流行性感冒、麻疹等疾病，动物的鸡瘟、猪丹毒、口蹄疫等，都是因为病毒寄生于人体和畜禽的细胞中引起的。

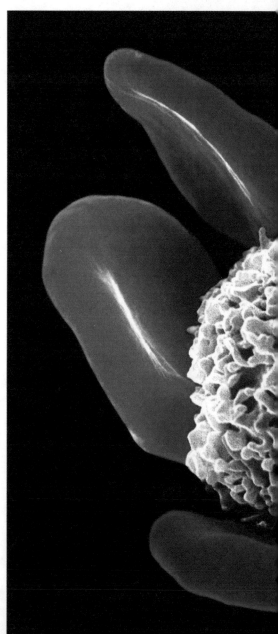

病毒是怎样"感染"你的

同细菌一样，病毒引起感染的第一步是病毒吸附到易感细胞表面。由于人、猴等灵长类动物的肠道黏膜上皮细胞有脊髓灰质炎病毒受体，故经口感染可传播此病毒，引发小儿

↓白细胞中的巨噬细胞

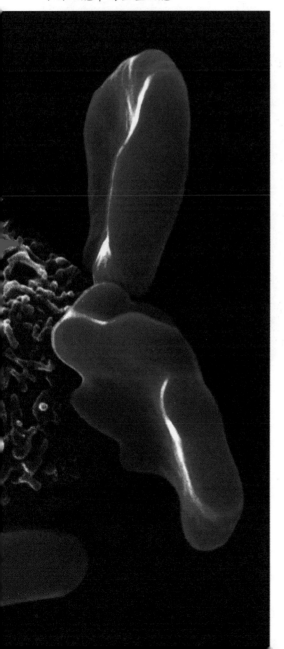

麻痹病。

可以侵犯人体引起感染甚至传染病的微生物，叫作病原微生物，或称病原体。病原体中以细菌和病毒的危害性最大。病原体侵入人体后，人体就是病原体生存的场所，我们称为病原体的宿主，病原体在宿主中进行生长繁殖、释放毒性物质等活动，从而引起机体不同程度的病理变化，这一过程称为感染。

为什么水果、蔬菜要洗后再吃

水果、蔬菜含有丰富的营养物质，对人体健康是必不可少的。

不过现在，农药的残毒都会留在水果、蔬菜的表皮，若不洗就吃，农药势必会随之进入人体内，对身体造成伤害。水果、蔬菜本身有着丰富的营养，这些营养不仅对人体有益，而且也对微生物非常有益。所以在水果、蔬菜的表面会滋生许多微生物，其中含有较多的酵母菌、细菌。而有的蔬菜，如胡萝卜、萝卜等是直接生长在土壤里，在种植过程中还要经常施用农家肥、人粪尿等肥料，所以细菌等就会直接附着在蔬菜的表皮上。如果从地里拔出，不洗干净就直接食用，会引起痢疾等疾病。所以食用水果、蔬菜时一定要洗干净后再吃，不要只图一时的痛快而生吃瓜果，造成不必要的麻烦。

↑蚊子传播疾病

　　每个人都有生病的经验，但不一定了解为什么会生病。人和动植物都会患病，但不是所有的疾病都是由微生物引发的。例如血吸虫病是较高等的软体动物引起的，肺癌多半由环境因素（如吸烟）造成，流血不止的血友病则是遗传性疾病。虽然当今不是由微生物引发的疾病，例如某些癌症、心血管疾病和中风等在人类死亡原因中的比例在逐年增加，然而大量致病微生物却仍然给我们的生活带来了极大的危害，成为人类死亡的头号杀手。

病毒防火墙——疫苗

疫苗是指为了预防、控制传染病的发生、流行，用于人体预防接种的疫苗类预防性生物制品。

人类历史上的重大发现

在人类历史上，曾经出现过多种造成巨大生命和财产损失的疫症，而在预防和消除这些疫症的过程中，疫苗发挥着十分关键的作用，所以疫苗被评为人类历史上最重大的发现之一。疫苗分为两类：第一类是指政府免费向公民提供，公民应当依照政府的规定受种的疫苗；第二类疫苗是指由公民自费并且自愿受种的其他疫苗。

当动物体接触到不具伤害力的病原菌后，免疫系统便会产生一定的保护物质，如免疫激素、活性生理物质、特殊抗体等；当动物再次接触到这种病原菌时，动物体的免疫系统便会依循其原有的记忆，制造出更多的保护物质来阻止病原菌的伤害。

疫苗家族的发现与壮大

疫苗的发现可谓是人类发展史上具有里程碑意义的事件。因为从某种意义上来说，人类繁衍生息的历史就是人类不断同疾病和自然灾害斗争的历史。控制传染性疾病最主要的手段就是预防，而接种疫苗被认为是最行之有效的措施。事实证明也是如此，威胁人类几百年的天花病毒在牛痘疫苗出现后便被彻底消灭了，迎来了人类用疫苗迎战病毒的第一个胜利，也更加令人坚信疫苗对控制和消灭传染性疾病的作用。此后200年间，疫苗家族不断扩大，目前用于人类疾病防治的疫苗有20多种，根据技术特点分为传统疫苗和新型疫苗。传统疫苗主要包括减毒活疫苗和灭活疫苗，新型疫苗则以基因疫苗为主。

疫苗接种的误区

疫苗的使用对象为正常健康人群，所以制作要求比药品的制造技术更复杂、投资更巨大、研发周期更长（平

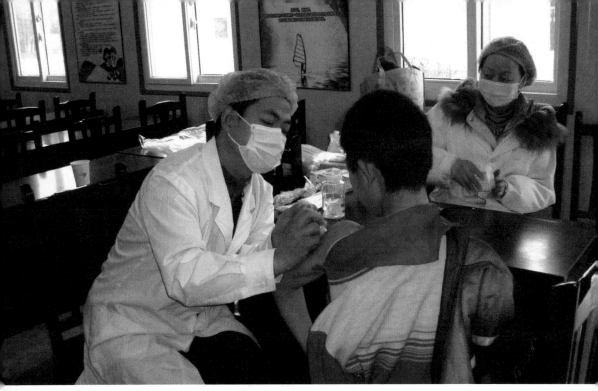

↑打疫苗有助于防止与控制疾病的发生

均为7~10年）、上市审批也更加严格。因此，只要通过正规途径，在医生专业的指导下接种疫苗，正确掌握禁忌证，安全性是有保证的。事实上，绝大多数疫苗的不良反应是短暂而且临时的，如接种部位酸痛、轻微发热等。

对于传染病的威胁，只要体内没有产生过抗体，任何年龄阶段都可能受感染，无论是孩子还是成人。而成人作为社会及家庭的支柱，在某种意义上，更需要受到保护。

国内外疫苗的区别

国产疫苗更适合中国人，进口疫苗不可靠吗？并非如此，衡量一个疫苗的质量，关键要看其安全性和有效性，这都要基于大量的临床观测病例

后才能体现出来。特别是进口疫苗，在上市前，都是经过了几千例甚至几万例的临床观测病例检验，完全符合标准之后，才能够被批准上市。所有进入中国的疫苗也是经过国家权威机构的检验后才能进入市场。就甲肝疫苗来说，目前进口甲肝疫苗的有效率几乎达到了100%。

扩展阅读

生物制品，是指用微生物或其毒素、酶、人或动物的血清、细胞等制备的供预防、诊断和治疗用的制剂。预防接种用的生物制品包括疫苗、菌苗和类毒素。其中，由细菌制成的为菌苗，由病毒、立克次体、螺旋体制成的为疫苗。有时，两者统称为疫苗。

最使人尴尬的顽固病毒
——乙肝病毒

多年以来，人们把乙肝和甲肝混为一谈。其实甲肝是一种消化道传染病，传染性强；而乙肝属于血液传染病，并不通过共用餐具传染，日常的正常工作、学习更不会传染。

乙肝会"爆发"吗？

乙型肝炎病毒简称乙肝病毒，是一种DNA病毒，属嗜肝DNA病毒，目前科学家研究发现，该病毒仅对人和猩猩有易感。甲肝常有爆发，可是谁听说过乙肝爆发？

20世纪90年代初，我国第一次流行病学普查发现，乙肝病毒携带者约为10%。到了本世纪初，我国第二次流行病学普查显示，乙肝病毒携带者仍为10%。20世纪90年代以来，中国的乙肝病毒携带率根本没有扩大，这充分说明，在一次性注射器和母婴阻断技术推广使用后，乙肝已经被有效地控制，且与日常接触无关。

预防乙肝

对乙肝的恐惧实际上毫无必要，当然，每个人都有恐惧的权力，如果你在了解了乙肝的传播常识之后仍然恐惧，那么，怎样才能从根本上解除你的恐惧呢？把乙肝病毒携带者隔离起来吗？

预防HBV（乙型肝炎病毒基因）感染主要有三大措施：

第一，控制传染源。在确诊被HBV感染后，如需住院隔离治疗，最好住院隔离。凡患乙型病毒性肝炎的

↓像颗粒一样的乙肝病毒

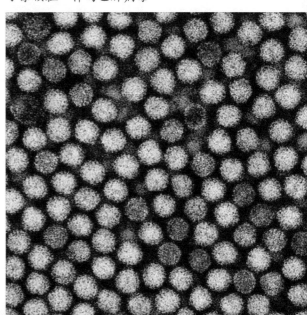

↑不预防乙肝病毒，就会患上严重疾病

病人一律调离直接接触入口食品和食具或幼儿的工作。

第二，切断HBV传播途径。加强血液及血制品的管理，献血员在每次献血前必须做体格检查；阻断母婴传播，产房所有器械都要严格消毒。对乙肝表面抗原阳性孕妇所生婴儿，可用相关疫苗进行病毒阻断；各级医疗卫生单位应加强消毒防护措施，如注射器一人一针一管等。

第三，远离传染源。尽量不要修脚、修手、修眉等，应养成从公共场所返回后洗手的良好习惯。

拓展阅读

体检发现乙肝抗原单项阳性或双项阳性（HBsAg和HBeAg），如果被检者没有明显的自觉症状，如乏力、肝区痛、低热等，不影响生活和工作，这些人被称为乙型肝炎病毒携带者。

据估计，我国乙型肝炎病毒携带者约占总人口的10%，是乙型肝炎的隐性传染源。虽然都有传染性，两者又略有区别。如果是HBsAg阳性者，表明乙肝病毒在体内处于稳定状态，其传染性相对弱些；如果是HBsAg和HBeAg都阳性，表明乙肝病毒在体内繁殖，正在侵害肝细胞，传染性相对强些。

与病毒抗争
——牛痘与天花

在人类历史上，天花、黑死病和霍乱等瘟疫都被印上了惊人的死亡数字。最早有纪录的天花发作是在古埃及。公元前1156年去世的埃及法老拉美西斯五世的木乃伊上就有被疑为是天花皮疹的迹象。最后有纪录的天花感染者是1977年的一个医院工人。

琴纳与天花病毒

爱德华·琴纳是免疫学之父，天花疫菌接种的先驱。

1796年5月17日，正是琴纳47岁的生日。这天一大早，琴纳的候诊室里就聚集了很多好奇的人。屋子中间放着一张椅子，上面坐着一个八岁的男孩，名叫菲普士，正津津有味地吃着糖果。爱德华·琴纳则在男孩身边走来走去，显得有些焦急不安，他正在等一个人。不久，一位包着手的女孩来了。她就是挤牛奶的姑娘尼姆斯，几天前她从奶牛身上感染了牛痘，手上长了一个小脓疱。

琴纳等的人正是她，今天他要大胆地实施一个几十年日思梦想的计划了：他要把反应轻微的牛痘接种到健康人身上去预防天花。

琴纳用一把小刀，在男孩左臂的皮肤上轻轻地划了一条小痕，然后从挤牛奶姑娘手上的痘痂里取出一点点淡黄色的脓浆，并把它接种到菲普士划破皮肤的地方。两天以后，男孩便感到有些不舒服，但很快就好了，菲普士又照样活泼地与其他孩子一起在街上嬉闹玩耍了。菲普士非常顺利地挨过了牛痘"关"。

不过，摆在琴纳面前最主要的事情还是证明菲普士今后再也不会传染天花。如果真是这样的话，那么目的就达到了：成功实现牛痘的接种。

一天，琴纳从天花病人身上取来了一点痘痂的脓液，接种在了菲普士身上。这是一个关键的时刻，也是琴纳感到紧张、担心的日子。如果接种的牛痘不能预防天花的话，那菲普士就将因此患上严重的天花，这是一件多么可怕的事情呀！然而，一星期过去了，又一星期过去了。菲普士依然

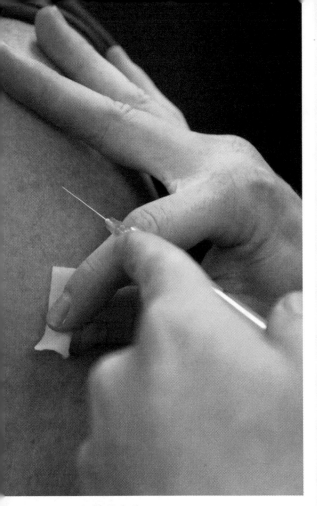

↑接种疫苗

很健壮。以后，琴纳又接着做了一批批试验，更进一步证实了牛痘预防天花的作用。牛痘疫苗预防天花的试验终于获得了成功。

天花的危害

人们在埃及木乃伊上已见到3000多年前天花的疤痕，印度在公元前6世纪也出现了此病。中世纪时，天花在世界各国广泛流行，几乎有10%的居民死于天花，五个人中即有一个人脸上有麻点，甚至皇帝也无法幸免。

法皇路易十五、英国女王玛丽二世、德皇约瑟一世、俄皇彼得二世等，都是感染天花而死的。18世纪欧洲人死于天花的人数达一亿五千万以上。美洲之所以有天花，是16世纪时由西班牙人带入的，据记载，公元1872年美国开始流行天花，仅费城就有2585人死亡。在俄国从1900年到1909年的十年中，死于天花者达50万人，可见天花是一种极其凶险的传染病。

以毒攻毒

天花是一种滤过性病毒引起的烈性传染病。得病后死亡率极高，一般可达25%，有时甚至高到40%。不死者也会留下永久性的疤痕或失明。我国民间有俗语说："生了孩子只一半，出了天花才算全。"可见天花危害之严重。

古人发现如果一个人得了某种传染病，便会令他可以长期或终身不再得这种病，有的即使再得病，也是比较轻微而不致死亡。人们从中得到启发，懂得"以毒攻毒"的原理，即在未病之前，先服用或接种这种有毒的致病物质，使人体对这些疾病产生特殊的抵抗力，这种思想包含有近代医学的免疫萌芽。

在"以毒攻毒"思想指导下，我国也在寻找预防天花的方法。明代郭子章《博集稀痘方》（公元1557年）、李时珍《本草纲目》都记载了用（白）水牛虱和粉做饼或烧灰存性和粥饭服下，以预防天花的方法。虽然这种方法尚未得到实际效果，但是，它表明古人在"以毒攻毒"思想下，正在寻找防治天花的方法。

我国古代关于天花的记录

早在晋代时，著名药学家道家葛洪在《肘后备急方》中已有记载，他说："比岁有病时行，仍发疮头面及身，须臾周匝，状如火疮，皆戴白浆，随决随生……剧者多死。"同时他对天花的起源进行了追溯，指出：此病起自东汉光武帝建武年间（公元23～26年）。这是我国也是世界上最早关于天花病的记载。书中还说："永徽四年，此疮从西流东，遍及海中。"这是世界最早关于天花流行的记载。

从此，我国历代典籍开始逐渐有天花记载，虽然各书所称病名不一，但从所描述的症状，属天花无疑。唐宋以来，此病例增多。15世纪以后，由于交通发达，人员往来频繁，天花在我国广泛流行，甚至漫延到深宫禁闱。据记载顺治皇帝就是患天花死去的，康熙幼年时也被感染，由保姆护视于紫禁城外，不敢进宫看望他的父皇。由于天花严重威胁大众的健康，因此古代人很早就在摸索防治天花的方法。

扩展阅读

1979年10月26日，世界卫生组织宣布人类成功消灭天花。这样天花成为最早被彻底消灭的人类传染病。

↓天花疫苗接种的先驱——爱德华·琴纳

动物的感冒——禽流感

自从1997年在我国香港发现人类也会感染禽流感之后，此病症引起全世界卫生组织的高度关注。其后本病一直在亚洲地区零星爆发，但从2003年12月开始，禽流感在东亚多国——越南、韩国、泰国等国家严重爆发，并造成越南多人丧生。现时远至东欧多个国家亦有案例。2013年2月10日，我国贵州省发现两例人感染高致病性禽流感病例。

禽流感被国际兽疫局定为甲类传染病。按病原体类型的不同，禽流感可分为高致病性、低致病性和非致病性禽流感三大类。非致病性禽流感不会引起明显症状，仅使染病的禽鸟体内产生病毒抗体；低致病性禽流感可使禽类出现轻度呼吸道症状，食量减少，产蛋量下降，出现零星死亡；高致病性禽流感最为严重，发病率和死亡率均高，人感染高致病性禽流感死亡率约是60%，家禽鸡感染的死亡率几乎是100%，无一幸免。

◆◆ 禽流感的危害

禽流感，全名鸟禽类流行性感冒，是由病毒引起的动物传染病，通常只感染鸟类，少见情况会感染猪。禽流感病毒高度针对特定物种，但在罕有情况下会跨越物种障碍感染人。

人感染禽流感死亡率约为33%。此病可通过消化道、呼吸道、皮肤损伤和眼结膜等多种途径传播，区域间的人员和车辆往来是传播本病的重要途径。

◆◆ 禽流感是怎么被发现的

文献中最早关于发生的禽流感记录是在1878年，意大利发生鸡群大量死亡，当时被称为鸡瘟。到1955年，科学家证实其致病病毒为甲型流感病毒。此后，这种疾病被更名为禽流感。禽流感被发现100多年来，人类并没有掌握有效的预防和治疗方法，仅能以消毒、隔离、大量宰杀禽畜的方法防止其蔓延。

禽流感的潜伏期

禽流感潜伏期从几小时到几天不等，其长短与病毒的致病性、感染病毒的剂量、感染途径和被感染禽的品种有关。羽绒制品通常会经过消毒、高温等多个物理和化学处理过程，传播病毒的几率应当很小。

目前在世界上许多国家和地区都发生过禽流感，给养禽业造成了巨大的经济损失。这种禽流感病毒主要引起禽类的全身性或者呼吸系统性疾病，鸡、火鸡、鸭和鹌鹑等家禽及野鸟、水禽、海鸟等均可感染，发病情况从急性败血性死亡到无症状带毒等极其多样，主要取决于带病体的抵抗力、感染病毒的类型及毒力。

禽流感病毒不同于SARS病毒，禽流感病毒迄今只能通过禽传染给人，不能通过人传染给人。感染人的禽流感病毒H5N1是一种变异的新病毒，并非在鸡、鸭、鸟中流行了几十年的禽流感病毒H5N2。目前没有发现人因吃鸡感染禽流感H5N1的病例，但都是和鸡有过密切接触，可能与病毒直接吸入或者进入黏膜等原因有关。

是病毒导致的猛犸象灭绝吗

人们普遍认为，猛犸象的消失与地球气候变化有关，随着冰川后退、气温上升以及后来出现的干旱，猛犸象无法适应新的生存环境而最终灭亡。但是这种观点难以解释一个事

139

第七章 微生物中的暗流——可怕的病毒

↓鸟儿也会患上感冒

实：在以前的气候变化中，有时气候突变更为剧烈，猛犸象都没有灭绝。显然气候的变化不是唯一的原因。

一些研究人员发现，人类从亚洲经白令海峡向美洲迁移的时期与猛犸象的灭绝时间前后相连，并进而认为人类的狩猎活动造成了猛犸象的最终消亡。但考古发现表明，猛犸象的聚集地很少有人类活动的痕迹。另一方面，当时人类的狩猎工具极其简单，主要靠石器，围捕巨大强壮的猛犸象是相当冒险的。

病毒是导致猛犸象在地球上绝迹的罪魁祸首吗？科学家说，目前还需要做大量的工作探讨潜在的致病因子，并且这并不一定能完全解开猛犸象的消亡之谜。

↓曾经活跃在地球上的猛犸象

微生物的秘密生活

第八章

微生物领域的科学家

　　20世纪50年代以后，人类基本上脱离了任凭病原微生物宰割的被动局面，平均寿命有了明显提高。我们不应该忘记那些在战胜病原微生物的战场上立下卓著功勋的第一批猎手们。这些"猎手"都是具有伟大献身精神的科学家，然而探求真理的道路却又各不相同。他们在攀登科学高峰的崎岖道路上都经历过各种挫折和失败，遭受过世人的冷漠与嘲笑。他们可以为证实一条科学的真理而进行千百次实验，有的甚至为此献出了宝贵的生命。

列文·虎克
——发现微生物的人

17世纪荷兰人列文·虎克用自制的简单显微镜观察牙垢、雨水、井水和植物浸液，发现其中有许多运动着的"微小动物"，他用文字和图画科学地记载了人类最早看见的"微小动物"——细菌的不同形态。从此世界上诞生了一批伟大的微生物猎人，他们在这个微小的世界里追逐、猎捕微生物，将人类的认识领域扩展到微生物的世界中。

最敢于探索生命奥秘的人

在中世纪时期，科学技术还很不发达，人们对自然界所发生的一些现象无法理解，因而多以天命或神来解释。但这并不能满足少数具有好奇心的人们对知识的追求和渴望，他们开始探索生命的奥秘。其中荷兰人列文·虎克就是最突出的代表。

不过，最早的显微镜是由一个叫詹森的眼镜制造匠人于1590年前后发明的。这个显微镜是用一个凹镜和一个凸镜做成的，制作水平还很低。詹森虽然是发明显微镜的第一人，却并没有发现显微镜的真正价值。也许正是因为这个原因，詹森的发明并没有引起世人的重视。事隔90多年后，显微镜又被荷兰人列文·虎克研究成功了，并且开始真正地用于科学研究试验。关于列文·虎克发明显微镜的过程，也是充满偶然性的。

列文·虎克是一个对自己的发明守口如瓶、严守秘密的人。因此直到现在，显微镜学家们还弄不明白他是怎样用那种原始的工具获得那么好的效果。显微镜是人类各个时期最伟大的发明物之一。在它发明出来之前，人类关于周围世界的观念局限在用肉眼，或者靠手持透镜帮助肉眼看到的东西。

显微镜把一个全新的世界展现在了人类的视野里。人们第一次看到了数以百计的"新的"微小动物和植物，以及从人体到植物纤维等各种东西的内部构造。显微镜还帮助科学家发现了新物种，帮助医生治疗了疾病。

好奇的列文·虎克

　　显微镜的发明和列文·虎克的研究工作，为生物学的发展奠定了基础。利用显微镜发现，各种传染病都是由特定的细菌引起的。这就导致了抵抗疾病的健康检查、种痘和药物研制的成功。

　　列文·虎克于1632年出生于荷兰的德尔夫特市，从没接受过正规的科学训练。但他是一个对新奇事物充满强烈兴趣的人。一次，他从朋友那里听说荷兰最大的城市阿姆斯特丹的眼镜店可以磨制放大镜，用放大镜可以把肉眼看不清的东西看得很清楚。他对这个神奇的放大镜充满了好奇，但又因为价格太高而买不起。从此，他经常出入眼镜店，认真观察磨制镜片的工作，暗暗地学习磨制镜片的技术。

列文·虎克的第一台显微镜

　　功夫不负苦心人。1665年，列文·虎克终于制成了一块直径只有0.3

↓显微镜打开了微生物世界的秘密

↑老式显微镜

厘米的小透镜，并做了一个支架，把这块小透镜镶在支架上，又在透镜下边装了一块铜板，上面钻了一个小孔，使光线从这里射进而反射出所观察的东西。这样，列文·虎克的第一台显微镜制作成功了。由于他有着磨制高倍镜片的精湛技术，他制成的显微镜的放大倍数超过了当时世界上已有的任何显微镜。

列文·虎克并没有就此止步，他继续下工夫改进显微镜，进一步提高其性能，以便更好地去观察了解神秘的微观世界。为此，他辞退了工作，开始潜

心研究显微镜。几年后他终于研制出了能把物体放大300倍的显微镜。

发现微生物

1675年的一个雨天，列文·虎克从院子里舀了一杯雨水用显微镜观察。他发现水滴中有许多奇形怪状的小生物在蠕动，而且数量惊人。在一滴雨水中，这些小生物要比当时全荷兰的人数还多出许多倍。以后，列文·虎克又用显微镜发现了红细胞和酵母菌。列文·虎克成为了世界上第一个微生物世界的发现者，被收为英国皇家学会的会员。

拓展阅读

1680年，一个在荷兰德夫特的市政厅门房干了几十年门卫工作的半老头子，却被当时欧洲乃至世界科技界颇具权威的英国皇家学会吸收为正式会员，并且英国女王亲笔给他写来了贺信。一时，他从一个最普通、最平凡的人变成了震惊世界的名人。

他的主要业绩，就是经过自己几十年坚韧不拔的努力和探索，发明了世界医学史上第一架帮助人类认识自然、驾驭自然、打开微观世界大门的钥匙——显微镜，从此，他的这一业绩时时深刻地影响着人类的生命和生活。这个令世界震惊的小人物就是1632年出生于荷兰德夫特一个普通工匠家庭，而后成为荷兰著名微生物学家的列文·虎克。

微生物的秘密生活

巴斯德
——微生物学的奠基人

巴斯德为人类和人类饲养的家畜、家禽防治疾病做出了巨大的贡献。由于他在科学上的卓越成就，使得他在整个欧洲享有很高的声誉，德国的波恩大学郑重地把名誉学位证书授予了这位赫赫有名的学者。

当之无愧的"微生物学之父"

路易斯·巴斯德（1821～1895年），法国微生物学家、化学家，近代微生物学的奠基人。巴斯德曾任法国里尔大学、巴黎师范大学教授和巴斯德研究所所长。在他的一生中，曾在同分异构现象、发酵、细菌培养和疫苗等的研究中取得了重大成就，从而奠定了工业微生物学和医学微生物学的基础。像牛顿开辟出经典力学一样，巴斯德开辟了微生物领域，并为免疫学、医学等做出了不朽贡献，

"微生物学之父"的美誉当之无愧。

普法战争爆发后，德国强占了法国领土，出于对祖国的深厚感情和对侵略者的极大憎恨，巴斯德毅然决然把名誉学位证书退还给了德国波恩大学，他说："科学虽没有国界，但科学家却有自己的祖国。"这掷地有声的话语，充分表达了一位科学家的爱国情怀，并因此而成为一句不朽的爱国名言。

细菌理论的建立

巴斯德用一生的精力证明了三个

↓路易斯·巴斯德——微生物学的奠基人

科学问题：1. 每一种发酵作用都是由于一种微生物菌的发展，用加热的方法可以杀灭那些让啤酒变苦的恼人的微生物；2. 每一种传染病都是一种微生物菌在生物体内的发展，它发现并根除了一种侵害蚕卵的细菌；3. 传染病的微生物菌在特殊的培养之下可以减轻毒力，使它们从病菌变成防病的药苗。

其实，巴斯德并不是病菌的最早发现者。在他之前已有基鲁拉、包亨利等人提出过类似的假想。但他不仅热情勇敢地提出了关于病菌的理论，而且通过大量实验，证明了他的理论的正确性，由此建立起了细菌理论，令科学界信服。

巴斯德与狂犬病疫苗的故事

巴斯德晚年对狂犬病疫苗的研究成就了他事业的光辉顶点。虽然在细菌学说占统治地位的年代，巴斯德并不知道狂犬病是一种病毒病，但从科学实践中他知道有侵染性的物质经过反复传代和干燥，毒性会减少。为了得到这种侵染物质，巴斯德经常冒着生命危险从患病动物体内提取。

一次，巴斯德为了收集一条疯狗的唾液，竟然跪在疯狗的脚下耐心等待。巴斯德把分离得到的病毒连续接种到家兔的脑中使之传代，将经过100次兔脑传代的狂犬病毒注射给健康狗时，奇迹发生了，狗居然没有得病，

而且还具有了免疫力。

1885年7月6日，9岁法国小孩梅斯特被狂犬咬伤14处，医生诊断后宣布他生存无望。然而，巴斯德每天给他注射一支狂犬病疫苗。两周后，小孩转危为安。巴斯德成为世界上第一个治愈狂犬病的人。1888年为表彰他的杰出贡献，成立了巴斯德研究所，他亲自担任所长。

发现"酵母的无氧呼吸"

1854年9月，法国教育部委任巴斯德为里尔工学院院长兼化学系主任，在那里，他对酒精工业产生了兴趣，而制作酒精的一道重要工序就是发酵。当时里尔一家酒精制造工厂遇到了技术问题，请求巴斯德帮助研究发酵过程。巴斯德深入工厂考察，把各种甜菜根汁和发酵中的液体带回实验室观察。经过多次实验，他发现发酵液里有一种比酵母菌小得多的球状菌体。不久，菌体上会长出芽体，芽体长大后脱落，又成为新的球状小体，在这循环不断的过程中，它长大成为了"酵母菌"，甜菜根也就发酵了。

巴斯德通过继续研究发现，发酵时所产生的酒精和二氧化碳气体都是酵母分解糖得来的，这个过程即使在没有氧的条件下也能发生。他认为发酵就是酵母的无氧呼吸，控制它们的生活条件，就是酿酒的关键环节。

巴斯德与"巴氏消毒法"

法国的啤酒业在欧洲是很有名的，但啤酒常常会变酸，整桶的芳香可口啤酒变成酸得让人咧嘴的黏液，只得倒掉，这使酒商叫苦不迭，有的甚至因此而破产。1865年里尔一家酿酒厂厂主请求巴斯德帮助医治啤酒的"病"，看看能否加进一种化学药品来阻止啤酒变酸。

巴斯德在研究中发现未变质的陈年葡萄酒和啤酒，其液体中有一种圆球状的酵母细胞，当葡萄酒和啤酒变酸后，酒液里有一根根细棍似的乳酸杆菌，就是这个"坏蛋"在营养丰富的啤酒里繁殖，使啤酒"生病"。他把封闭的酒瓶放在铁丝篮子里，泡在水里加热到不同的温度，试图杀死乳酸杆菌，而又不把啤酒煮坏。经过反复多次的试验，他终于找到了一个简便有效的方法：只要把酒放在摄氏五六十度的环境里保持半小时，就可杀死酒里的乳酸杆菌，这就是著名的"巴氏消毒法"。这个方法至今仍在使用，市场上出售的消毒牛奶就是用这种办法消毒的。

↓乳酸杆菌

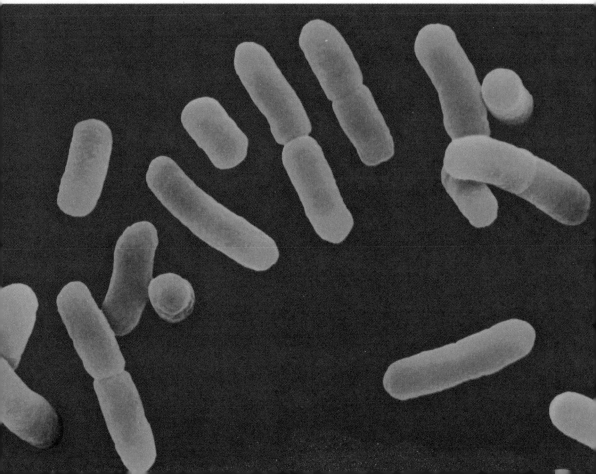

弗莱明爵士和青霉素

亚历山大·弗莱明，英国微生物学家，1881年8月6日出生于苏格兰基马尔诺克附近的洛克菲尔德。亚历山大·弗莱明13岁时随其兄去伦敦做工，由于意外地得到姑父的一笔遗产，他进入伦敦大学圣玛丽医学院学习，1906年毕业后留在母校的研究室，帮助其师赖特博士进行免疫学研究。

脚踏实地的年轻人

弗莱明是一个脚踏实地的人。他不善空谈，总是默默无闻地工作。起初人们并不重视他。他在伦敦圣玛丽医院实验室工作时，许多人当面叫他小弗莱，背后则嘲笑他，给他起了一个外号叫"苏格兰老古董"。有一天，实验室主任赖特博士主持例行的业务讨论会。一些实验工作人员口若悬河，哗众取宠，唯独小弗莱一直沉默不语。赖特博士转过头来问："小弗莱，你有什么看法？""做。"小弗莱

只说了一个字。他的意思是说，与其这样不着边际地夸夸其谈，不如立即恢复实验。到了下午5点钟，赖特博士又问他："小弗莱，你现在有什么意见要发表吗？""茶。"原来，喝茶的时间到了。这一天，小弗莱在实验室里就只说了这两个字。

弗莱明的发明成就

一战爆发，赖特率研究小组奔赴法国前线，研究疫苗是否可以防止伤口感染。这给了弗莱明一个极其难得的系统学习致病细菌的好机会。在那里，他还验证了自己的想法，即含氧高的组织中，伴随着氧气的耗尽，将有利于厌氧微生物的生长。

他还和赖特博士证实了用杀菌剂消毒创伤的伤口，事实上并未起到好的作用，不仅没有真正杀死细菌，反倒把人体吞噬细胞杀死了，使伤口更加容易发生恶性感染。他们建议使用浓盐水冲洗伤口，这项建议到了二战时期才被广泛采纳。但冲洗要尽早进行，如果伤口已经严重感染，浓盐水

也没有什么效果了。此外，他还和同事一起做了一系列其他研究：历史上第一个院内交叉感染的科学研究。如今院内感染是个非常受重视的问题。另外，他还推动了输血技术的改良，作了有关枸橼酸钠的抗凝作用和钙的凝血作用的研究，并利用新技术给100名伤员输血，全都获得成功。

1928年，度假归来的弗莱明刚进实验室，其前任助手普利斯来串门，寒暄中问弗莱明最近在做什么，弗莱明顺手拿起顶层第一个培养基，准备给他解释时，发现培养基边缘有一块因溶菌而显示的惨白色。弗莱明因此发现青霉素，并于次年6月发表，最终获得了诺贝尔奖。

青霉菌所致的溶菌现象，究竟需要多少偶然因素之间的相互配合才能出现呢？首先，青霉菌适合在较低温度下生长，葡萄球菌则在37℃下生长最好；其次，在长满了细菌的培养基上，青霉菌无法生长；最后，青霉菌大约在5天后成熟并产生孢子，这时青霉素才会出现，而青霉素也只对快速生长中的葡萄球菌有溶菌作用。因此，这样的发现极其偶然。

❖❖ 青霉素带来的荣誉

弗莱明在第一次世界大战中作为一名军医，研究伤口感染。他注意到许多防腐剂对人体细胞的伤害甚于对

↓青霉菌的形态

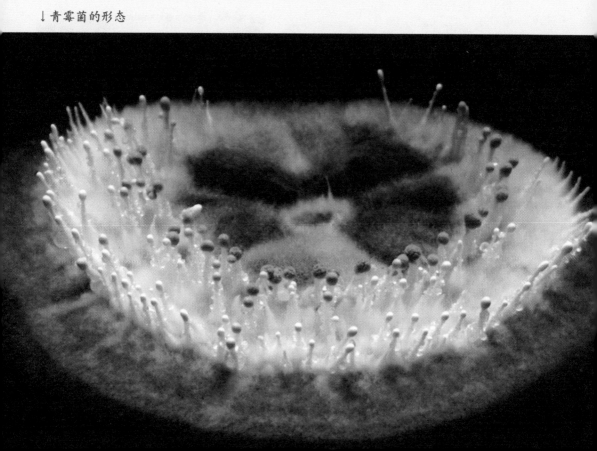

细菌的伤害，他认识到需要某种有害于细菌而无害于人体细胞的物质。

1928年9月15日，亚历山大·弗莱明发现了青霉素，这使他在全世界赢得了25个名誉学位、15个城市的荣誉市民称号以及其他140多项荣誉，其中包括1945年诺贝尔医学奖。

青霉素的继续研究

在这十年中，弗莱明只发了两篇有关青霉素的研究论文。但他的实验记录却显示，十年来，弗莱明并未完全停止青霉素的研究。事实上，他做过青霉素粗提物的家兔以及小白鼠静脉注射研究。但在用天竺鼠做口服实验时，出现了极高的致死率，现在知道这是肠道正常菌被杀死所致。这可能打击了弗莱明的信心，毕竟这世界上很多早期发现的抗生素，最后发现没有什么治疗价值。另外，弗莱明还发现葡萄球菌接触了青霉素后，可快速产生抗性，这可能更打击了他的信心。可惜这些发现他都没有发表。青霉素极难提取，且活性不稳定，这些都是弗莱明自己无法解决的。

1940年，弗莱明因是青霉素的发现者，开始名噪一时，但他始终在各种重要场合的演讲中，将青霉素的诞生完全归功于牛津小组所做的研究。

知识链接

1939年在英国的澳大利亚人瓦尔特·弗洛里（1898～1968年）和德国出生的鲍利斯·钱恩（1906～1979年），重复了弗莱明的工作，证实了他的结果，然后提纯了青霉素，1941年给病人使用成功。在英美政府的鼓励下，很快找到大规模生产青霉素的方法，1944年英美公开在医疗中使用，1945年以后青霉素遍及全世界。1945年弗莱明、弗洛里和钱恩共获诺贝尔生理学及医学奖。

扩展阅读

1943年弗莱明成为英国皇家学会院士，1944年被赐予爵士。1915年弗莱明结婚，儿子是个普通的医生，夫人于1949年去世，1953年再次结婚。1955年3月11日弗莱明与世长辞，安葬在圣保罗大教堂。匈牙利1981年发行了弗莱明诞生100周年的纪念邮票。

高尚荫——
中国病毒学的奠基人

高尚荫，微生物学家、病毒学家、教育家、中国病毒学的奠基人之一。创办了我国最早的病毒学研究机构和我国第一个微生物专业、第一个病毒学专业。

成长历程

1909年3月3日高尚荫出生在浙江省嘉善县陶庄镇的一个书香世家。高尚荫7岁那年，进入他父亲办的一所乡间小学接受启蒙教育。1926年中学毕业后考取了苏州东吴大学，主修课是生物学，选修课是化学。他学习努力刻苦，对任何问题都喜欢追根溯源。他博览群书，在图书馆中如饥似渴地读书，对于生物学科的书籍更是如获至宝。这为他以后献身于生命科学，成为著名的病毒学家奠定了牢固的基石。1930年完成了大学学业，获得理学士学位。同年，21岁的高尚荫由一位旅美亲戚的介绍，获得了美国佛罗里达州劳林斯大学的奖学金，赴美国学习。

主要贡献

高尚荫一直致力于微生物学和病毒学教学，亲自为本科生主讲基础课，积极招收、培养研究生，为国家培养了一批又一批高层次的专门人才。组织和主持了"生物大分子结构与功能"、"肿瘤病毒病因及其转化机制"等重大科研项目，先后在中、美、英、德、捷等国的学术刊物上发表论文110多篇，出版了《电子显微镜下的病毒》等专著四部和《伊万诺夫斯基生平及其科学活动》译著一部，获得了全国科学大会重大成果奖、国家教委科技进步一等奖和湖北省重大科技成果奖。

作为中国病毒学研究的开拓者和奠基人之一，高尚荫创办了中国最早的病毒学实验室和病毒学专业、微生物专业，对中国微生物学和病毒学事业的发展产生了重要影响。他在流感病毒、新城鸡瘟病毒、家蚕脓病病毒、根瘤菌噬菌体、猪喘气病原物及昆虫多角体、颗粒体病毒等的性质及应用等方面，均有深入研究。通过烟草花叶病毒的分析研究，证实了病毒性质的稳定性；在国际上首次将流感病毒培养于鸭胚尿囊液中；创立昆虫病毒单层培养法，在家蚕卵巢、睾丸、肌肉、气管、食道等组织培养中应用成功；开展昆虫病毒的物理、化学、生物学的研究，为生物防治提供了科学依据。

勤奋与刻苦的学习

在劳林斯大学，高尚荫各科成绩优秀，免修了很多课程，一年后就获得了文学士学位。1931年秋，高尚荫转到美国耶鲁大学研究生院。头两年通过在实验室协助教授们工作以获得维持生活的费用。1933年，在美国著名原生动物学家的指导下攻读博士学位。1935年初，他的毕业论文"草履虫伸缩泡的生理研究"提前完成，在答辩过程中受到导师和专家们的好评，获得了哲学博士学位。

高尚荫获得博士学位后，他的几位美国朋友希望他留在美国工作，可是他想得更多的是贫穷落后的祖国需要掌握科学知识的儿女。1935年2月，高尚荫等不及5月底举行的毕业典礼，就提前离开耶鲁大学来到了欧洲，为的是利用回国前的宝贵时间学习和接触更多的先进技术，更全面地考察了解西方发达国家的科技发展现

状，以便回国后更好地开展工作。他在英国伦敦大学研究院从事短期科学研究。

最年轻的教授

1935年8月，年仅26岁的高尚荫回到了祖国，受聘于国立武汉大学，成为该校当时最年轻的教授。1937年武汉大学因抗日战争迁至四川乐山，1945年迁回武汉。从1935年～1945年，他先后讲授过普通生物学、原生动物学、无脊椎动物学、微生物学、

土壤微生物学等课程，其中普通生物学由他连续讲授了10年。除担任教学工作外，他还积极从事科学研究工作。他和他的助手几乎每天都要在实验室工作，中午总是在实验室吃点自备的干粮。在教学、科研经费极度困难和工作环境很差的条件下，他不知疲倦地工作，先后在《中国生理学杂志》《武汉大学学报》《新农业科学》等国内刊物及《德国原生动物杂志》《科学》等国外刊物上发表了有关原生动物生理学和微生物固氮菌方面的研究论文20余篇。

拓展阅读

1945年，高尚荫利用两年学术休假的时间，作为洛氏医学研究所访问研究员第二次前往美国。在美国著名生物化学家、病毒学家、诺贝尔奖获得者 W. M. 斯坦利的实验室从事病毒学研究工作，从此开始了他在病毒学研究领域中近半个世纪的奋斗。1947年回国后在武汉大学创办了我国第一个病毒学研究室，这是我国最早开展病毒学研究的专门机构之一。

↓生物实验

【神奇的世界】

◎ 策划制作　膳書堂文化

◎ 组稿编辑　张　树

◎ 责任编辑　王　珺

◎ 封面设计　刘　俊

◎ 图片提供　全景视觉

　　　　　　上海微图

　　　　　　图为媒

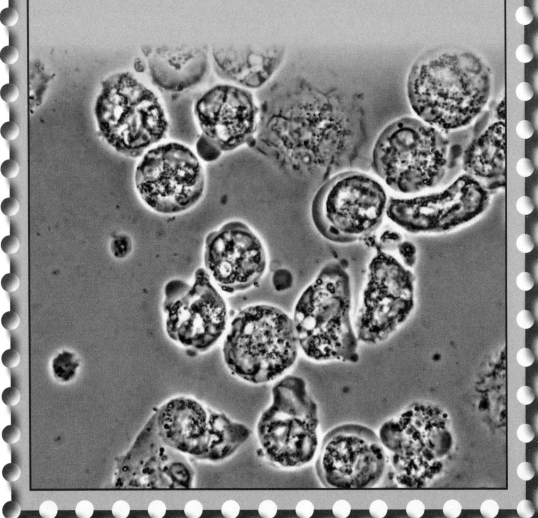